模具钳工实训

李运生　周建波　邹吉权　秦万忠　费晓喻　编著

ZHEJIANG UNIVERSITY PRESS
浙江大学出版社

图书在版编目（CIP）数据

模具钳工实训 / 李运生等编著. —杭州：浙江
大学出版社，2014.12
ISBN 978-7-308-14096-6

Ⅰ. ①模… Ⅱ. ①李… Ⅲ. ①模具－钳工 Ⅳ. ①TG76

中国版本图书馆 CIP 数据核字（2014）第 273891 号

内容简介

本书依据模具钳工国家职业技能鉴定标准，结合模具钳工的考工培训的教学特点编写而成，力求做到理论与实践的有机结合。本书采用"项目教学法"，围绕几个典型零件的加工过程细化为六个项目，各个项目在原有技能强化的基础上，突出强化新的技能，重视学生钳工技能的实践操作，使学生的钳工技能训练工作有序进行。

本书可作为高职高专的钳工实训教材，同时为模具钳工中、高级考证培训用书，还可作为机械类工程技术人员提供参考资料。

模具钳工实训

李运生　周建波　邹吉权　秦万忠　费晓喻　编著

责任编辑	杜希武
封面设计	刘依群
出版发行	浙江大学出版社
	（杭州市天目山路 148 号　邮政编码 310007）
	（网址：http://www.zjupress.com）
排　版	杭州好友排版工作室
印　刷	德清县第二印刷厂
开　本	787mm×1092mm　1/16
印　张	12.25
字　数	306 千
版 印 次	2014 年 12 月第 1 版　2014 年 12 月第 1 次印刷
书　号	ISBN 978-7-308-14096-6
定　价	29.00 元

前　言

　　当前和今后一个时期,是我国全面建成小康社会、开创中国特色社会主义事业新局面的重要战略机遇期。建设小康社会需要科技的创新,离不开技能人才。当今世界,谁掌握了先进的科学技术并拥有大量技术娴熟、手艺高超的技能人才,谁就能生产出高质量的产品,创出自己的名牌;谁就能在激烈的市场竞争中立于不败之地。我国有近一亿技术工人,他们是社会物质财富的直接创造者。技术工人的劳动,是科技成果转化为生产力的关键环节,是经济发展的重要基础。

　　随着机械制造业的不断发展,机械制造领域对技能型人才的需求愈显紧缺,职业学校更加重视对学生的技能培养和培训工作,而钳工技术作为机械、机电等专业人才不可缺少的基础性技能,在职业学校的机械类专业技能培养中占有非常重要的地位。本书采用"项目教学法",围绕几个典型零件的加工过程细化为项目,各个项目在原有技能强化的基础上,突出强化新的技能,重视学生钳工技能的实践操作,使学生的钳工技能训练工作有序进行,为更好的配合学校钳工技能培训工作走上专业化、正规化的培养模式。

　　本书由李运生(天津职业大学)、周建波(天津职业大学)、邹吉权(天津职业大学)、秦万忠(天津职业大学)、费晓喻(天津职业大学)等编写,可以作为高职高专的钳工实训教材,同时为从事工程技术人员和机械制造研究人员提供参考资料。限于编写时间和编者的水平,书中必然会存在需要进一步改进和提高的地方。我们十分期望读者及专业人士提出宝贵意见与建议,以便今后不断加以完善。邮箱地址:1017488327@qq.com

　　最后,感谢浙江大学出版社为本书的出版所提供的帮助。

编　者

2014 年 10 月

目 录

中 级 篇

第1章 钳工实训一 复形样板制作训练 ············ 3

1.1 钳工实训一说明 ············ 3

1.2 复形样板成形过程中划线训练 ············ 4

1.2.1 钳工实训的注意事项、要求以及钳工工作基本概况 ············ 7

1.2.2 钳工常用工具 ············ 9

1.2.3 钳工常用设备及注意要点 ············ 12

1.2.4 划线 ············ 17

1.3 复形样板成形过程中锯削的训练 ············ 30

1.4 复形样板成形过程中锉削的训练 ············ 35

1.4.1 锉削 ············ 37

1.4.2 平面锉削 ············ 42

1.5 复形样板成形过程中钻削的训练 ············ 44

1.5.1 钻孔 ············ 45

1.5.2 钻孔的注意事项 ············ 51

1.6 复形样板制作训练 ············ 53

第2章 钳工实训二 燕尾样板制作训练 ············ 55

2.1 钳工实训二说明 ············ 55

2.2 燕尾样板成形过程中划线和量具使用训练 ············ 56

2.2.1 划线 ············ 59

2.2.2 钳工常用量具 ············ 61

2.3 燕尾样板成形过程中锯削的训练 ············ 76

2.4 燕尾样板成形过程中錾削和锉削的训练 ············ 81

2.4.1 錾削 ············ 82

2.4.2 锉削 ············ 91

2.5 燕尾样板成形过程中钻削以及其他方面的训练 ············ 94

2.5.1 钻孔 ············ 95

2.5.2 扩孔 ······ 95

2.5.3 锪孔 ······ 96

2.5.4 铰孔 ······ 97

2.5.5 攻螺纹 ······ 100

2.5.6 套丝 ······ 105

2.6 燕尾样板制作训练 ······ 109

高 级 篇

第3章 钳工实训三 冲裁模具工艺编制、毛坯选择 ······ 123

3.1 钳工实训三说明 ······ 123

3.2 所加工的模具零件所需的毛坯的选材 ······ 125

3.3 所加工的模具零件所需的加工工艺的制定 ······ 127

3.4 所加工的模具零件所需的加工工艺卡制定 ······ 128

第4章 钳工实训四 冲裁模具制造训练 ······ 146

4.1 钳工实训四说明 ······ 146

4.2 按照产品零件图加工零件 ······ 147

4.3 完成整套模具加工工艺路线 ······ 149

4.4 按照产品零件图加工零件 ······ 152

第5章 钳工实训五 模具装配训练、试模 ······ 161

5.1 钳工实训五说明 ······ 161

5.2 按照产品零件图加工零件 ······ 162

5.2.1 装配 ······ 164

5.2.2 模具装配 ······ 166

5.3 冲模装配 ······ 175

5.4 冲模安装与调试 ······ 178

第6章 钳工实训六 模具钳工高级工考核培训 ······ 181

6.1 钳工实训六说明 ······ 181

6.2 理论技能训练 ······ 182

6.3 操作技能训练 ······ 183

6.4 理论技能考核 ······ 185

6.5 操作技能考核 ······ 186

参考文献 ······ 188

中级篇

第 1 章 钳工实训一 复形样板制作训练

1.1 钳工实训一说明

钳工实训一说明,如表 1-1 所示。

表 1-1 钳工实训说明表

实训名称	实训一 复形样板制作训练(每个同学一组)
实训内容描述	按照钳工中级工考核要求,进行复形样板制作,第一周要求降低一些,主要是完成任务,提交实物和实训报告
教学目标	(一)专业技能 按照指定工作台,进行划线练习;进行锯削、锉削练习,熟练使用手锯和各种锉刀的使用方法。 (二)方法能力 ①按照发放产品零件图进行平面和立体划线,要求看懂图纸,明确基准,确保尺寸要求; ②按照图纸尺寸要求,将一块钢材平板锯出一个复形样板,对于锯削、锉削的注意事项进行体会与总结。 (三)社会能力 按照企业职场要求,进行安全生产,团队协作,对设备和量具正确维护和使用,每日完毕必须清理现场,做到卫生合格。
贯穿实训过程中的知识要点	1. 能够进行复形样板的主体划线; 2. 能够按图样要求钻削复杂工件上的小孔、斜孔、深孔、盲孔、多孔、相交孔; 3. 能够刃磨标准麻花钻; 4. 能够修配 $R3.0$ 圆角和斜面; 5. 能够确保公差等级达到:锉削 IT8、钻孔 IT10; 6. 保证形位公差:锉削对称度 0.06mm,表面粗糙度锉削 $Ra1.6\mu m$,钻孔 $Ra3.2\mu m$。 7. 掌握模具钳工的基本操作技能。
硬件条件	设备清单数量:台虎钳、钻床等
教学组织	1. 明确实训、取证考核任务和出勤、安全以及学习实训要求,使得同学们在实训过程中进行相关知识的学习; 2. 按照小组发放工具、量具,由组长负责保管; 3. 发放产品零件图; 4. 按照发放产品零件图进行平面和立体划线,要求看懂图纸,明确基准,确保尺寸要求; 5. 画线的注意事项进行体会与总结; 6. 按照图纸尺寸要求,将一块钢材平板锯出一个复形样板的锉削练习,同时进行第一周的阶段考核。

续表

实训名称	实训一　复形样板制作训练（每个同学一组）
准备工作	1. 资料：复形样板零件图； 2. 软件：CAD； 3. 低值耐用品、工具：游标卡尺、直角尺、手锯、锉、划针、划线盘、划规、涂色料、样冲等； 4. 消耗材料：45# 钢，尺寸 75mm×65mm×6mm。
实训教学评价方式	每个同学提交复形样板实物、自评结果和实训报告

1.2　复形样板成形过程中划线训练

复形样板成形过程中划线训练共 6 学时，具体内容如表 1-2 所示。

表 1-2　复形样板成形过程中划线训练

步骤	教学内容	教学方法	教学手段	学生活动	时间分配
教师示范，同学练习，阶段点评课，从中进行分析	对于复形样板成形过程中，按照图纸尺寸要求，正确选择划线工具，留出加工余量，正确找到基准。	以小组为单位领取作业所需的工具和材料，安排好各小组的工位场地。	安排学生以小组为单位进行讨论，要求每个成员提出自己加工工艺。	个别回答	10 分钟
引入（任务一：复形样板成形过程中划线的训练）	集中学生进行作业任务书的细致讲解，提出具体考核目标和要求。	按照学习小组下发任务书，讲解，提出具体考核目标和要求。	教师参与各小组的讨论，提出指导性意见或建议。	小组讨论代表发言互相点评	30 分钟
操练	分析复型样板的零件图中的尺寸关系，明确尺寸链的计算，明确公差。	安排各小组选派代表陈述本小组制定的划线思路，提出存在的问题。	要求各小组确定最终工艺方法。	学生模仿	60 分钟
深化（加深对基本能力的体会）	按照图纸要求，选择划线工具，进行划线。	各小组实施加工划线作业，教师进行安全监督及指导。	课件板书。	学生实际操作个人操作。小组操作集体操作	30 分钟
归纳（知识和能力）	各小组对图纸的尺寸所划的线，进行测量，提出自己的见解。	要求各小组进行阶段总结和互评。	课件板书。	小组讨论代表发言	30 分钟

续表

步骤	教学内容	教学方法	教学手段	学生活动	时间分配
训练 巩固 拓展 检验	训练项目:复型样板划线。	考察各小组作业完成的进度,观察各位学生的工作态度、劳动纪律、操作技能。	课件板书。	个人操作 小组操作 集体操作	120 分钟
总结	各小组对划线结果进行总结、修改。	教师讲授或提问。	课件板书。		18 分钟
作业	作业题、要求、完成时间。				2 分钟
后记					

通过一周实训,完成复型样板的制作,这个教学单元主要解决制作过程的划线问题。

表 1-3　任务准备阶段

准备工作	1. 资料:复形样板零件图; 2. 软件:CAD; 3. 低值耐用品、工具:游标卡尺、直角尺、手锯、锉、划针、划线盘、划规、涂色料、样冲等; 4. 消耗材料:45♯钢,尺寸 75mm×65mm×6mm。

一、复形样板制作要求

(1)公差等级:锉削 IT8、铰孔 IT7

(2)形位公差:锉削对称度 0.06mm

(3)表面粗糙度:锉削 $Ra1.6\mu m$、铰孔 $Ra3.2\mu m$

(4)时间定额:180 分钟

二、图形及实训要求

(1)图形如图 1-0 所示;

(2)按照学习小组为单位分发作业任务书;

(3)组织学生进行分组,可以自由组合也可以由教师指定,每组指定小组长;

(4)教师集中进行作业任务书说明,对所需的知识进行讲解,对主要操作要领进行示范,提出安全和具体考核目标和要求;

(5)教师提供相应技术资料,也可以组织有关同学进行检索。

复形样板操作技能评分表,如表 1-4 所示。

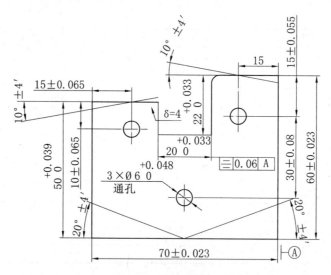

图 1-0 复形样板图

表 1-4 复形样板操作技能评分表

序号	考核内容	考核要求	配分	评分标准	评分标准	扣分	得分
1		$50_0^{+0.039}$ mm	16	超差 不得分			
2		70 ± 0.023 mm	6	超差 不得分			
3		60 ± 0.023 mm	6	超差 不得分			
4		$20_0^{+0.033}$ mm	7	超差 不得分			
5	锉削	$22_0^{+0.033}$ mm	8	超差 不得分			
6		$10°\pm4'$(2 处)	5	超差 不得分			
7		$20°\pm4'$(2 处)	6	超差 不得分			
8		≡ 0.06 A	3	超差 不得分			
9		表面粗糙度: $Ra1.6\mu$m	6	升高一级 不得分			
10		$3-\phi6_0^{+0.048}$	10	超差 不得分			
11		30 ± 0.08 mm	44	超差 不得分			
12	钻孔	15 ± 0.06 mm	5	超差 不得分			
13		10 ± 0.06 mm	4	超差 不得分			
14		表面粗糙度: $Ra3.2\mu$m	4	升高一级 不得分			

评分人: 　　年　　月　　日　　　　核分人: 　　年　　月　　日

1.2.1 钳工实训的注意事项、要求以及钳工工作基本概况

一、钳工实训的目的

(1)了解钳工安全操作技术,所用设备安全操作规程和车间(实训室)安全文明生产管理规定;

(2)熟悉钳工的基本知识,了解钳工工艺范围,掌握钳工常用设备、工具的结构、用途及正确使用、维护保养的方法;

(3)熟悉钳工常用量具的基本知识,掌握钳工常用量具使用和维护保养的方法;

(4)掌握钳工常用刃具的使用和刃磨方法;

(5)掌握钳工的基本操作技能,能按图样独立加工工件,达到中级钳工考核标准;

(6)培养勤学苦练精神,养成遵章守纪、执行工艺规程、安全操作、文明生产的良好职业习惯。

二、特别强调钳工实训安全操作规程

1. 总体要求

(1)钳工实训属于操作性很强的学习,与岗位工作对接性很强。整个学习过程中每个同学必须自己动手实践,因此需要操作各种工具、机器设备,每个人必须树立安全、责任意识,对自己的安全负责,对同学的安全负责,对所用的工具、设备的完好负责。严格执行"预防为主,安全第一"的实训教学原则。

(2)进入实训室实训必须穿戴好劳保服装、工作鞋、工作帽等,长发学生必须将头发戴进工作帽中,不准穿拖鞋、短裤或裙子进入车间、实训室。

(3)操作时必须思想集中,不准与别人闲谈。

(4)实训室内不得阅读书刊和收听广播,不准吃零食。

(5)在实习过程中,严禁打闹开玩笑,更不准动用实习工具互相攻击或伤人。

(6)注意文明生产实训,每天实训结束后,每个小组应收拾清理好工具、设备,打扫工作场地,保持工作环境整洁卫生。

2. 具体要求

(1)工作前要检查工、夹、量具,如手锤、钳子、锉刀、游标卡尺等,必须完好无损,手锤前端不得有卷边毛刺,锤头与锤柄不得松动。

(2)工作前必须穿戴好防护用品,工作服袖口、衣边应符合要求,长发要挽入工作帽内。

(3)禁止使用缺手柄的锉刀、刮刀,以免伤手。

(4)用手锤敲击时,注意前后是否有人,不许戴手套,以免手锤滑脱伤人;不准将锉刀当手锤或撬杠使用。

（5）不准把扳手、钳类工具当手锤使用；活动扳手不能反向使用，不准在扳手中间加垫片使用。

（6）不准将虎钳当砧磴使用，不准在虎钳手柄上加长管或用手锤敲击增大夹紧力。

（7）实训室严禁吸烟，注意防火。

（8）工具、零件等物品不能放在窗口，下班要锁好门窗，防止失窃。

（9）在钳工工作中，例如錾削、锯割、钻孔以及在砂轮机上修磨工具等，都会产生很多切屑。用刷子清除切屑，不要用嘴去吹，以免切屑飞进眼里受到伤害。

（10）使用砂轮机时，要注意安全，禁止用手触摸旋转部件或砂轮。使用砂轮机磨削刀具时，操作者严禁正对高速旋转的砂轮，避免砂轮意外伤人。

（11）使用电器设备时，必须严格遵守操作规程，防止触电。

3. 钻孔安全操作规程

（1）操作钻床时不准戴手套，袖口要扎紧。在使用钻头钻孔时严禁用棉纱接触钻头或擦拭零件，以免造成事故。

（2）钻孔前要根据所需要的钻削速度调节好钻床的速度，调节时必须切断钻床的电源。

（3）工件必须夹紧，钻孔即将钻穿时要减小进给力。

（4）开动钻床前，应检查是否有钻夹头钥匙斜插在转轴上，工作台面上不能放置刀具、量具和其他工件等杂物。

（5）不能用手或嘴吹来清除切屑，要用毛刷或铁钩清除。

（6）停车时应让主轴自然停止，严禁用手捏刹钻头。

（7）严禁在开车状态下装拆工件或清洁钻床。

（8）长发同学在使用钻床时必须佩带工作帽，以免头发绞到钻床上。

三、钳工工作概述

1. 钳工工作

钳工是以手工操作为主，使用各种工具及设备来完成零件的加工、装配和修理等工作，是当代机械制造等相关行业高技能人才的基本功。"钳"是夹住或约束的意思，是夹东西的用具，如台虎钳等工具。"钳工"是指利用台虎钳、锉刀、刮刀、扁铲、手锤等工具加工装配各种机器零配件的工种，主要从事各种机器的装配、调整和检修工作。

模具生产的产品质量，与模具的精度直接相关。模具的结构，尤其是型腔，通常都是比较复杂的。一套模具，除必要的机械加工或采用某些特种工艺加工（如电火花加工、电解加工等）外，余下的很大工作量主要靠钳工来完成的。尤其是一些复杂型腔的最终精修光整，模具装配时的调整、对中等，都靠钳工手工完成。

钳工所用的工具一般比较简单，操作灵活，对操作工人的技术水平要求较高，易学难精，在某些情况下可以完成用机械加工不方便或难以完成的工作。钳工劳动强度较大，生产效率较低，适于单件或小批量生产。在机械制造和修配工作中，占有十分重要的地位。

2. 钳工的工作特点

(1)钳工是以手工操作为主的切削加工的方法。

(2)钳工工具简单,操作灵活,可以完成用机械加工不方便或难以完成的工作。因此,尽管钳工大部分是手工操作,劳动强度大,对工人技术水平要求也高,但在机械制造和修配工作,钳工仍是必不可少的重要工种。

(3)钳工的工作范围很广。主要有划线、加工零件、装配、设备维修和创新技术。

3. 钳工基本操作技能

包括划线、錾削(凿削)、锯割、钻孔、扩孔、锪孔、铰孔、攻丝和套丝、矫正和弯曲、铆接、刮削、研磨以及基本测量技能和简单的热处理等。不论哪种钳工,首先都应掌握好钳工的各项基本操作技能,然后再根据分工不同进一步学习掌握好零件的钳工加工及产品和设备的装配、修理等技能。

4. 钳工工作分类

钳工是一个工作内容比较复杂的工种,它的工作内容很广,大体可以分成如下任务:

(1)装配钳工——主要是把加工出的全部零件组装成一部完整的机器。

(2)修理钳工——主要是对损坏的零件进行修复。

(3)模具钳工——主要是制作在生产过程中所需的模具。

(4)划线钳工——主要是指在待加工零件上按图纸要求划出加工界线。

(5)夹具、工具钳工——主要制作在生产过程中需要的夹具和工具等。

1.2.2 钳工常用工具

一、扳手类工具

用途:用于紧固或拆卸螺纹联接件。

类型:

(1)呆扳手,开口固定,分双头和单头两种,如图 1-1 所示。

(2)梅花扳手,分双头和单头两种,如图 1-2 所示。

图 1-1 呆扳手　　　　　　　图 1-2 梅花扳手

（3）两用扳手，一头为呆扳手，另一头为梅花扳手，如图 1-3 所示。

（4）内六角扳手，内六角扳手专用于装拆内六角螺钉，如图 1-4 所示。

图 1-3　两用扳手　　　　　　　　　　图 1-4　内六角扳手

（5）活动扳手，开口宽度可调节，注意：活动扳手不能反向使用，要正确使用。如图 1-5 所示。

（6）套筒扳手，分手动和机动（电动、气动）两种，套筒扳手除具有一般扳手紧固或拆卸六角头螺纹联接件的功能外，特别适用于工作空间狭小或深凹等其他扳手无法使用的场合，如图 1-6 所示。

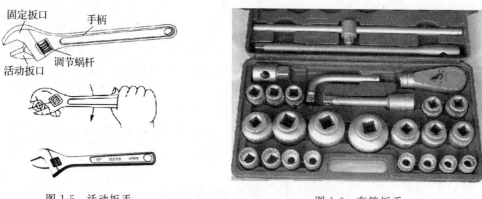

图 1-5　活动扳手　　　　　　　　　图 1-6　套筒扳手

二、螺钉旋具类工具（又称起子、螺丝刀或改锥）

用途：用于紧固或拆卸头部带槽的螺钉。

类型：

（1）一字形螺钉旋具，如图 1-7 所示。

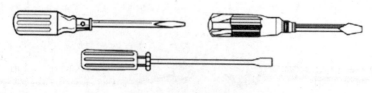

图 1-7　一字形螺钉旋具

（2）十字形螺钉旋具，如图 1-8 所示。

图 1-8　十字形螺钉旋具

三、钳类工具

用途：用于夹持零件或弯折薄片形、圆柱形金属件及金属丝。带刃钳可切断金属丝，扁嘴式钳可装拆销、弹簧等零件，挡圈钳专门装拆弹性挡圈。

类型：

(1)钢丝钳，如图 1-9 所示。

(2)尖嘴钳，如图 1-10 所示。

(3)扁嘴钳，如图 1-11 所示。

(4)挡圈钳，又称卡簧钳，如图 1-12 示。

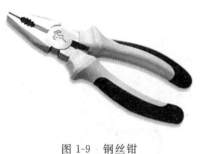

图 1-9　钢丝钳

图 1-10　尖嘴钳

图 1-11　扁嘴钳

图 1-12　挡圈钳

四、锉刀类工具

用途：锉削或修整金属工件的表面和孔、槽。什锦锉可用于修整螺纹或去除毛刺。

类型：

钳工锉,根据主锉纹的密度,锉纹号分为 1~5 等,其中 1 号最粗,5 号最细;根据锉刀截面形状分为齐头扁锉,尖头扁锉,方锉,三角锉,半圆锉,圆锉。如图 1-13 所示。

图 1-13　锉刀

五、手锤类工具(又称榔头)

用途:用于手工施加敲击力。

类型:

(1)斩口锤:适用于金属薄板、皮制品的敲平及翻边等,如图 1-14 所示。

(2)圆头锤,又称钳工锤,如图 1-15 所示。

图 1-14　斩口锤　　　　　　图 1-15　圆头锤

1.2.3　钳工常用设备及注意要点

一、钳工工作台

钳工工作台也称为钳台或钳桌,是钳工操作的专用案子,由工作台和虎钳组成。钳台是钳工工作的主要设备,采用木料或钢材制成,高度约为 800~900mm,长度和宽度根据场地和工作情况而定。如图 1-16,图 1-17 所示。

图 1-16 钳工工作台

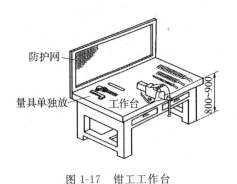

图 1-17 钳工工作台

二、台虎钳

正确安装台虎钳的标准有两点：

(1)固定钳口与钳桌边缘平行,略出一点更好。目的是当夹持长工件时,不受钳台的阻碍,如图 1-18 所示。

(2)台虎钳的安装高度应该与工人高度相适应,一般安装上台虎钳后,钳口的高度与一般操作者的手肘平齐,使得操作方便省力,如图 1-19 所示。

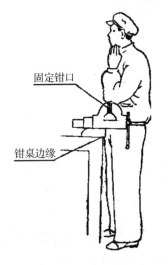

图 1-18 台虎钳固定钳口位置

图 1-19 台虎钳钳口高度

台虎钳的作用、规格、类型：

台虎钳作用是钳工工作时夹持工件的主要工具。

台虎钳的规格指钳口的宽度,常用有 100mm(4 英寸)、125mm(5 英寸)、150mm(6 英寸)、200mm(8 英寸)等。其最大开度一般与钳口的宽度相当。如图 1-20 所示。

台虎钳的类型有固定式和回转式两种,构造、原理基本相图。回转式台虎钳夹紧手柄,虎钳便可以在底盘上转动,以改变钳口方向,使之便于操作;回转式台虎钳钳身 3、6 是用铸铁制成的,为了延长使用寿命,上部用紧固螺钉 5 紧固着两块经过淬火的钢钳口,钳口工作面上制有斜齿纹,以便夹紧工件,防止滑动。当夹持精密工件时,应当垫上紫铜等材料制成的软钳口,以免夹伤工件表面。松动手柄 8,虎钳可以在底盘上转动。如图 1-21 所示。

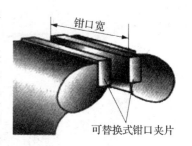

图 1-20　台虎钳的规格

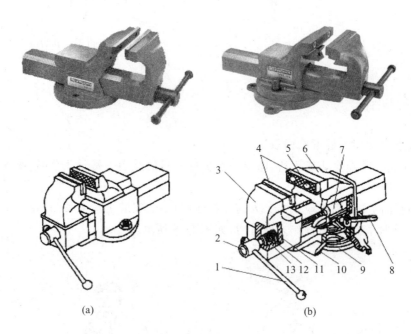

(a)　　　　　　　　　(b)

1-手柄;2-丝杠;3-活动钳身;4-钳口;5-螺钉;6-固定钳身;7-丝杠螺母;

8-锁紧手柄;9-转座盘;10-转座;11-销;12-挡圈;13-弹簧

图 1-21　台虎钳的类型

使用台虎钳应该注意的事项:

(1)工件应该夹在台虎钳钳口中部,使得钳口受力均匀;

(2)当转动手柄夹紧工件时,手柄上不准套上增加套管或用锤敲击,以免损坏虎钳丝杆或螺母上的螺纹;

(3)不能在活动钳身的光滑平面上敲击作业,以免破坏它与固定钳身的配合性能;

(4)丝杆、螺母等活动表面,应该经常保持清洁、润滑(用黏度较高的机油),以防止生锈;

(5)夹持工件的光洁表面时,应该垫上铜皮或铝皮加以保护(这样的钳口也叫软钳口)如图 1-22 所示;

(6)在虎钳上强力(指用手锤,但不允许用大锤)作业时,应尽量使力量朝向固定钳身,原因在于力量朝向活动钳身,易使虎钳的零件(螺母、丝杆等)损坏。

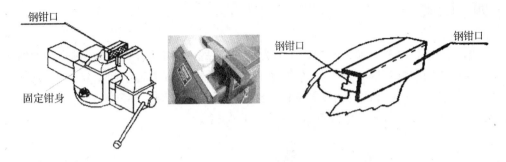

图 1-22 夹持工件时用的软钳口

三、砂轮机

砂轮机是用来磨削各种刀具或工具的设备。如磨削錾子、钻头、刮刀、样冲、划针等。也可以磨削工件上的毛刺、锐边等。砂轮机由电动机、砂轮、机架和防护罩等组成。如图 1-23 所示。

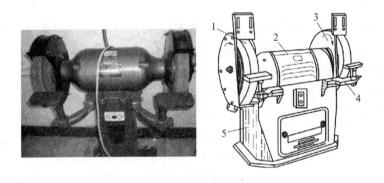

图 1-23 砂轮机组成

操作砂轮机时一定要遵守安全操作规程,注意以下几点:

(1)开机时注意砂轮的旋转方向是否与砂轮罩上的箭头方向(见图 1-23)一致,使磨屑向工件下方飞离,而不致伤人。

(2)砂轮起动后,应该等砂轮旋转平稳后再开始磨削。若发现砂轮跳动明显,应该及时停机修整。

(3)砂轮机的托架与砂轮间的距离应保持在 3mm 以内,以防刀具或磨削件挤入,造成事故。

(4)磨削过程中,操作者应该站在砂轮的侧面或斜对面,与砂轮平面形成一定的角度,而千万不要站在正对面,预防人身事故。禁止带手套磨削,磨削时应带防护镜。

四、钻床

用钻头在实体材料上加工孔的操作称为钻孔。钻孔所用的设备主要是钻床,如图 1-24 所示;在钻床钻孔时(见图 1-25),工件装在工作台,钻头装在主轴上的钻夹头上,钻头一边旋转(切削运动),同时沿钻头轴线向下作直线运动(进给运动)。钻孔时钻孔加工精度一般可达到 IT10~IT11,表面粗糙度可达 Ra 25~100μm。

图 1-24　钻床

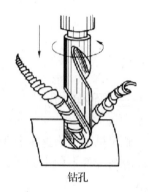

钻孔

图 1-25　钻孔

钻床是用来加工孔的设备。钳工常用的钻床有:台式钻床、立式钻床、摇臂钻床等。

台式钻床:台式钻床简称台钻。它是一种放在台桌上使用的小型钻床,一般用来钻中、小型工件上的孔。钻孔直径一般在 13mm 以下,最小可加工 1mm 的孔,如图 1-26 所示。由于加工的孔径较小,故台钻的主轴转速一般较高,最高转速可高达近万转/分,最低亦在 400转/分左右。主轴的转速可用改变三角胶带在带轮上的位置来调节。台钻的主轴进给由转动进给手柄实现。在进行钻孔前,需根据工件高低调整好工作台与主轴架间的距离,并锁紧固定。台钻小巧灵活,使用方便,主要用于加工小型零件上的各种小孔,在仪表制、钳工和装配用得最多。如在编号 Z4012 中,Z 表示钻床类,40 表示台式钻床,12 表示最大钻孔直径为 12mm,台钻的组成如图 1-27 所示。

图 1-26　台式钻床

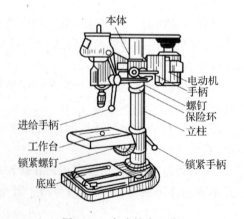

本体

电动机
手柄
螺钉
保险环
立柱

进给手柄

工作台

锁紧螺钉

底座

锁紧手柄

图 1-27　台式钻床组成

使用台钻时应注意以下几点。

(1)严禁戴手套操作钻床,长发同学需带工作帽。

(2)使用台钻过程中,工作台面必须保持清洁。

(3)钻通孔时必须使钻头能通过工作台面上的让刀孔,或在工件下垫上垫铁,以免钻坏工作台面。

(4)钻孔时,要将工件固定牢固,以免加工时刀具旋转将工件甩出。

(5)使用完台钻后,必须将其外露滑动面及工作台面擦净,并对各滑动面及注油孔加注润滑油。

立式钻床:简称立钻,在编号 Z5125 中,Z 表示钻床类,51 表示立式钻床,25 表示最大钻孔直径为 25mm。一般用来钻中型工件上的孔,立钻的最大钻孔直径有 25mm、35mm、40mm、50mm 等规格,立钻主要由主轴、主轴变速箱、进给箱、立柱、工作台和机座等组成。立式钻床一般具有自动进给功能。由于它的功率及结构强度较高,因此加工时允许采用较大的切削用量。钻小孔时转速需要高些,钻大孔时转速应低些,立钻的组成如图 1-28 所示。

摇臂钻床:Z3050 中,Z 表示钻床类,30 表示摇臂钻床,50 表示钻孔直径为 50mm。它有一个能绕立柱旋转的摇臂。摇臂钻床的组成如图 1-29 所示。

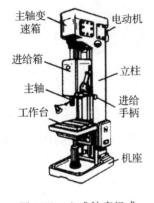

图 1-28 立式钻床组成

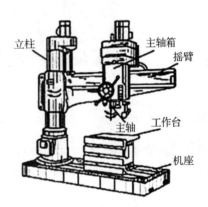

图 1-29 摇臂钻床组成

1.2.4 划线

教学目标:指导学生了解划线的相关知识,掌握划线的相关工作要领。

一、钳工划线概述

1. 划线的含义

根据图纸要求,用划线工具在毛坯或半成品上划出加工界线或确定基准点、线的操作称为划线。划线工作不仅在毛坯表面划线,也经常在已加工过的表面上进行,如在模具的加工制造过程中,划线工作大多是在已加工的模板上进行的。

2. 划线的作用

划线工作不仅在毛坯表面上进行，也经常在已加工过的表面上进行。如在加工后的平面上划出钻孔及多孔之间相互关系的加工线，其主要作用是：

确定工件的加工余量，使机械加工有明确的尺寸界限。

便于复杂工件按划线来找正在机床上的正确位置。

能够及时发现和处理不合格的毛坯，避免再加工而造成更严重的经济损失。

采用借料划线可以使误差不大的毛坯得到补救，使加工后的零件仍能符合图样要求。

划线是机械加工的重要工序之一，广泛应用于单件和小批量生产，是钳工应掌握的一项重要操作技能。如图 1-30 所示。

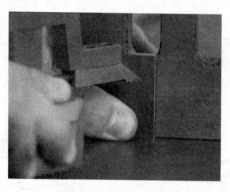

图 1-30　划线示意图

3. 划线的要求

线条滑晰均匀，尺寸准确，在立体划线对应使长、宽、高三个方向的线条相互垂直，由于划线时线条有一定的宽度，划线的精度不可能很高，所以在加工时应当注意尺寸的测量，以保证尺寸的准确。

4. 划线的种类

钳工划线通常分为平面划线和立体划线两类。

（1）平面划线

是指在工件的一个平面上（即二维坐标系内）划线就能满足要求的划线方式，通常应用于薄板料划线以及回转零件端面的划线，如图 1-31 所示。

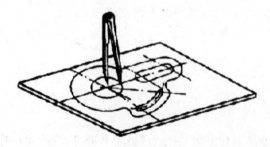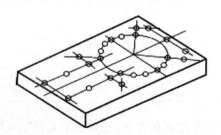

图 1-31　平面划线

（2）立体划线

需要在工件的长、宽、高各个方向上（即三维坐标系中）均划出加工界线，才能满足加工要求的划线方式，适用于支架类零件或各种箱体类零件的划线，如图 1-32 所示。

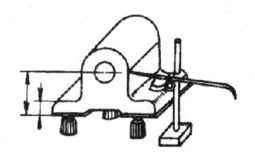
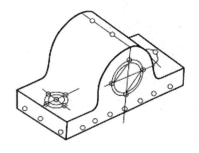

图 1-32　立体划线

二、常用的划线工具及其使用方法

钳工所使用的划线工具包括三类：划线基准工具、划夹持工具、划线用的工量具。

1. 划线基准工具

主要是指划线平板，划线平板是用于放置工件并在其上划线的基准工具，平板安放时要平稳牢固，上表面是划线的基准平面，要求平直、光滑。划线平板是经过精加工的铸铁板，工作面的精度有 6 个等级，即 000、00、0、1、2 和 3级，一般划线平板为 3 级，000、00、1、2 级平板用作质量检验。使用时，划线平板放置在特制的工作架上，要使划线平板的工作平面位于水平状态，平板工作面应保持清洁，工件和工具在平台上都要轻拿、轻放，并经常涂油防锈并用模板盖护。如图 1-33 所示。

图 1-33　划线平板

2. 划线夹持工具

划线夹持工具有方箱、千斤顶、"V"形铁等，用于在平板上支承较大及不规则的工件，其高度可以调整，以便找正工件。

方箱是立体划线夹持工具，一般用来夹持、支承尺寸较小而加工面较多的工件。是用铸铁制成的空心立方体，其六个面都经过精加工，相邻的各面相互垂直。工件夹到方箱的 V形槽中，能迅速地划出三个方向的垂线。如图 1-34 所示。

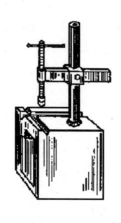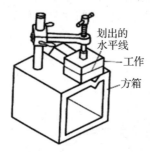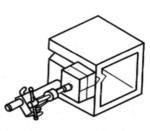

图 1-34 方箱及应用

　　千斤顶多用来支承形状不规则的复杂工件进行立体划线,它的高度可以调整,一般 3 个为一组配合使用。划线时,应使 3 个千斤顶所组成的面积为最大,以提高支承的稳定性,划线中可改变各千斤顶的高度来获得所要求的位置。如图 1-35 所示。

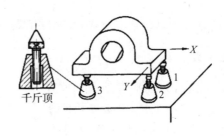

图 1-35 千斤顶及应用

　　"V"形铁或叫"V"形架,一般都是两个一组配对使用,V 形槽夹角多为 90°或 120°,一般由铸铁或碳钢精制而成,相邻各面互相垂直。主要用来支承轴、套筒、圆盘等圆形工件,使工件轴心线与平台平面平行,以便于找中心和划中心线,保证划线的准确性,同时保证了稳定性。带 U 形夹的 V 形块,可带动工件一起翻转,实现多方位划线。如图 1-36 所示。

　　垫铁是用于支承和垫平工件的工具,便于划线时找正。常用的垫铁有平行垫铁、V 形垫铁和斜楔垫铁,一般用铸铁和碳钢加工制成。如图 1-37 所示。

3. 划线用的工量具

　　划线用的工量具有钢直尺、划针、划线盘、划规、样冲、高度游标尺、90°角尺(直角尺)、万能角度尺等,主要用于工件的划线和度量工件的尺寸。

　　钢直尺主要用来量取尺寸、测量工件,也可用作刻划直线时的导向工具;钢直尺的两直线边作为工作边,两工作边上均有刻度,最小刻度为 0.5mm,如图 1-38 所示。其长度规格有 150mm、300mm、1000mm 等,主要用于量取尺寸、测量工件或作为划线条时的导尺。

　　使用钢直尺测量的操作要领:

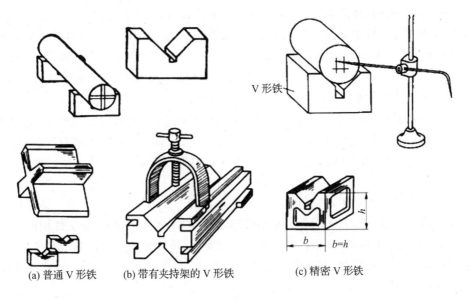

(a) 普通 V 形铁　　(b) 带有夹持架的 V 形铁　　(c) 精密 V 形铁

图 1-36　"V"形铁及应用

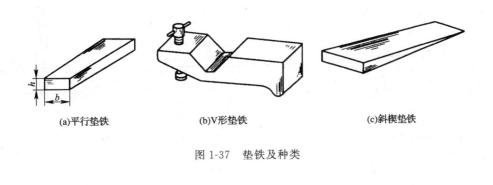

(a)平行垫铁　　　　(b)V形垫铁　　　　　(c)斜楔垫铁

图 1-37　垫铁及种类

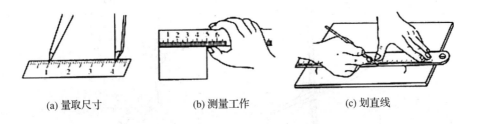

(a) 量取尺寸　　　　(b) 测量工作　　　　(c) 划直线

图 1-38　钢直尺及应用

(1)划线时要压紧直尺,防止发生移动;

(2)测量尺寸应尽量从整数(厘米刻划线)开始;

(3)测量矩形零件应使钢尺端面与零件的一边垂直;

（4）测量圆柱体轴向长度时，应使钢尺端面与圆柱体的轴线垂直；

（5）测量零件的内、外圆直径时，应求取最大的读数值，作为直径尺寸。

划针是用来在工件上划线条的基本工具，如图 1-39 所示。划针一般用工具钢或弹簧钢丝制成，直径一般为 φ3～5mm，长约为 150～200mm，针体呈四方形或六方形，有直划针和弯头划针之分。弯头划针可用于直线划针划不到的地方和找正零件。其刻划端应磨成 15°～20°的尖角，并经过淬火处理，硬度可达 HRC55～60。

操作要领：划针的头要保持锐利，划针尖端磨钝时应及时刃磨锋利。划线时要紧贴导向工具（钢直尺），划线尽量一次性划完。划针要依靠钢尺或直尺等导线工具而移动，并向外侧倾斜 15°～20°，向划线方向倾斜约 45°～75°，要尽量做到一次划成，以使线条清晰、准确。如图 1-40 所示。

划线盘是直接用于立体划线和或找正工件位置的工具，如图 1-41 所示。普通划线盘的划针一端（尖端）一般都焊上硬质合金作划线用，另一端制成弯头，是找正工件用的。普通划线盘刚性好、不易产生抖动，应用很广。使用划线盘时，应尽量使刻划杆处于水平位置，伸出部分应尽量缩短以提高刚度，划线中应保持底座稳定，夹紧可靠。划线时，划针与其前进方向成 45°～60°的夹角。

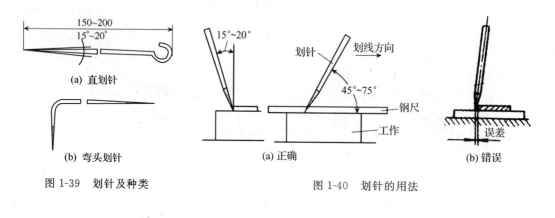

图 1-39　划针及种类　　　　　　图 1-40　划针的用法

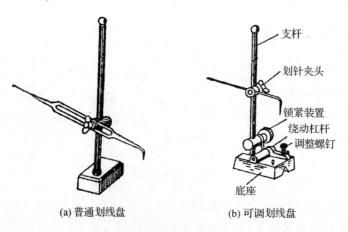

图 1-41　划线盘

划规用来划圆、划弧、等分线段、等分角度以及量取尺寸等,用中碳钢或工具钢制成,两脚尖端经淬火硬化。有的在两脚头部焊上一段硬质合金,耐磨性将更好,两脚尖部合拢时脚尖才能靠紧。其用法与制图中的圆规相同如图 1-42 所示,使用前,划规两脚的长短应磨得

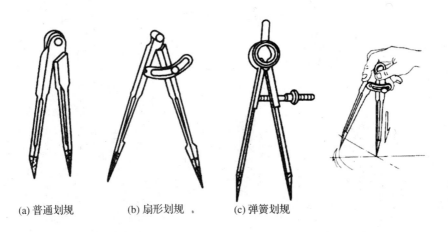

(a) 普通划规   (b) 扇形划规 。   (c) 弹簧划规

图 1-42 划规及使用

稍有不同,并保证划脚能靠拢,划规的脚尖应保持尖锐。划圆时,以较长的划脚作为旋转中心,应垂直施加一定压力,而另一只划脚应以较轻的侧压力在工件表面上刻划弧线。

样冲又名中心冲,用于在已划好的线上打出样冲眼。工件划线后,在搬运、装夹等过程中可能将线条摩擦掉,为保持划线标记,通常要用样冲在已划好的线上打上小而均布的冲眼,以保证划线标记、尺寸界限及确定中心。通常用工具钢或高速钢锻制而成,一般锻成八棱,尖端磨成 60°左右,并经过淬火硬化,硬度高达 55~60HRC。如图 1-43 所示。

操作要领:应斜看靠近冲眼部位,冲眼时冲尖对准划线的交点或划线,敲击前要扶直样冲。

冲眼要求:

(1)冲眼位置要准确,不可偏斜,应首先保持样冲顶尖与线条中心点同心,先将样冲外倾使尖端对准线的正中,然后再将样冲扶正并一次冲点成型;

(2)冲眼大小要适当,在薄板和已加工表面上冲眼应小些、浅些;在粗糙工件表面及钻孔中处的冲眼可以大些、深些;

(3)冲眼的间距要均匀适当,在直线上冲眼时,间距可大些,一般在十字中心处、划线交叉点或折角处均应冲眼;在曲线上冲眼时,间距要小些。

高度游标尺是一种精密划线工具,由底座、主尺、游标、刻划脚以及微调装置组成。其读数和划线精度一般为 0.02mm。划线时,通过游标卡尺的游标上下移动至不同高度,可带动刻划头划出不同尺寸的线条,调整好划线高度后,应旋紧游标上的锁紧螺钉,以免出现划线误差;划线时,划针角要与工件表面沿划线方向成 40°~60°如图 1-44所示。

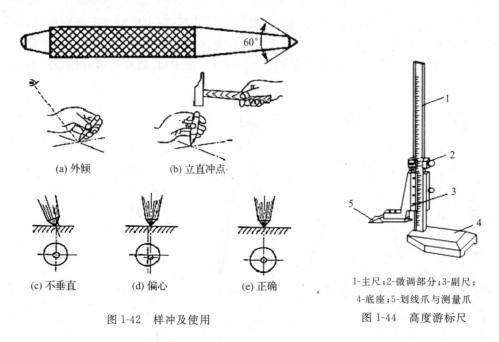

(a) 外倾　　　　　(b) 立直冲点

(c) 不垂直　　　(d) 偏心　　　(e) 正确

图 1-42　样冲及使用

1-主尺；2-微调部分；3-副尺；
4-底座；5-划线爪与测量爪

图 1-44　高度游标尺

　　90°角尺(直角尺)常用于划平行线或垂直线的导向工具,也可用于找正和检查工件平面在划线平台上的垂直位置,有时也进行垂直度的测量,划线时,角度尺尺座内侧要与基准面贴紧,如图 1-45 所示。

　　万能角度尺常用于测量各种角度尺寸,如图 1-46 所示。使用时,应先调整好角度尺寸,划线前一定要先将游标锁定,防止划线过程中角度发生变化。

图 1-45　直角尺及使用

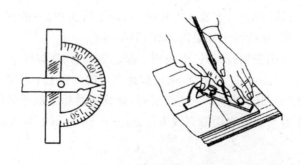

图 1-46　万能角度尺及使用

三、划线方法与划线工艺

1. 划线前的准备工作

工具的准备：划线前，必须根据工件划线的图样及各项技术要求，合理地选择所需要的各种工具。每件工具都要进行检查，如有缺陷，应及时修整或更换，否则会影响划线质量。

工件的准备可分为工件的清理与工件的涂色两部分。

(1)工件的清理：清理毛坯上的飞边、型砂和氧化皮，已加工零件修钝锐边；

(2)工件的涂色：为了使得划线条比较清晰，在工件划线前一般要涂上涂料，涂料的种类及其使用场合见表1-5。

表 1-5　涂料的种类及其使用场合

使用场合	涂料的种类
毛坯表面	石灰水(白灰、乳胶和水) 锌钡白(硫化锌、硫酸钡、乳胶和水) 粉笔
已加工表面	硫酸铜(硫酸铜和水) 蓝油(龙胆紫加虫胶或酒精) 绿油(孔雀绿加虫胶或酒精)
精密表面	无水涂料(香蕉水、树脂、火棉胶和甲基紫)

在工件孔中装中心塞块，以便找孔的中心，用划规划圆。

2. 划线的步骤

(1)看清图样，详细了解工件上需要划线的部位；明确工件及其划线有关部分在产品中的作用和要求，了解有关后续加工工艺；

(2)确定划线基准；

(3)初步检查毛坯的误差情况，当工件形状、尺寸和位置有误差时，确定借料的方案；

(4)正确安放工件和选用工具；

(5)先划基准线和位置线，再划加工线，即先划水平线，再划垂直线、斜线，最后划圆、圆弧和曲线；

(6)仔细检查划线的准确性及是否有线条漏划，对错划或漏划应及时改正，保证划线的准确性；

(7)在线条上冲眼。冲眼必须打正，毛坯面要适当深些，已加工面或薄板件要浅些，精加工面和软材料上可不打样冲眼。

3. 划线基准的类型

划线时要选择工件上某个点、线或面作为依据，用它来确定工件其他点、线、面尺寸和位置，这个依据称为划线基准，划线基准应该包括以下三个：

(1)尺寸基准：在选择划线尺寸基准时，应先分析图纸，找正设计基准，使划线的尺寸基准与设计基准一致,从而能够直接量取划线尺寸,简化换算过程。

(2)放置基准:划线尺寸基准选好后,就要考虑工件在划线平板或方箱、V形铁上的放置位置,即找出工件最合理的放置位置。

(3)校正基准:选择校正基准,主要是指毛坯工件放置在平台上后,校正那个面(或点和线)的问题。通过校正基准,能使工件上有关的表面处于合适的位置。

平面划线时一般要划两个互相垂直方向的线条,因为每划一个方向的线条,就必须确定一个基准,所以平面划线时要确定两个基准;立体划线时一般要划三个互相垂直方向的线条,所以立体划线时要确定三个基准。

无论平面划线还是立体划线,它们的基准选择原则是一致的。所不同的是把平面划线的基准线变为立体划线的基准平面或基准中心平面。

4. 划线基准选择原则

(1)划线基准应尽量与设计基准重合;

(2)对称形状的工件,应以对称中心线为基准;

(3)有孔或搭子的工件,应以主要的孔或搭子中心线为基准;

(4)在未加工的毛坯上划线,应以主要不加工面作基准;

(5)在加工过的工件上划线,应以加工过的表面作基准;

(6)对圆形零件划线时,应以圆形零件的中心线为基准。

根据零件的不同情况,选择平面划线基准常有下面三种类型:

(1)以两个互相垂直的边或线作为划线基准,如图 1-47(a)所示。

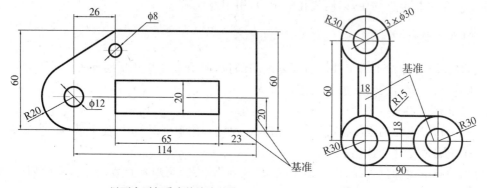

(a)以两个互相垂直的边为基准　　　　(b)以两条互相垂直的中心线为基准边

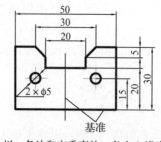

(c)以一条边和它垂直的一条中心线为基准

图 1-47　平面划线基准

(2)以两条互相垂直的中心线作为划线基准,如图1-47(b)所示。

(3)以一条边(线)和与它相垂直的一条中心线作为划线基准,如图1-47(c)所示。

5. 划线时的找正和借料

找正:就是利用划线工具(划线盘、角尺),通过调整支撑工具,使工件有关的表面都处于合适的位置。找正划线的常用方法如下:

(1)当工件上有非加工表面时,应按主要的非加工表面找正后再划线。如图1-48所示,找正时应以图中非加工表面A为基准找正划线以确定表面的加工余量。

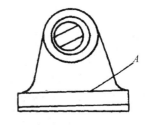

图1-48　毛坯工件的找正

(2)当工件上有2个以上的不加工表面时,应以其中面积较大与其他各位的找正位置要素有密切联系的不加工表面找正后再划线。

(3)当毛坯工件上无不加工表面时,一般应根据各加工表面的自身位置进行找正,以保证各加工表面的加工余量合理、均匀。

(4)有装配关系的非加工部位,应优先作为找正的基准。

借料:当毛坯尺寸、形状、位置上的误差和缺陷难以用找正方法补救时,就需要利用借料的方法来解决。借料就是通过试划和调整,使得各加工表面余量互相借用,合理分配,从而保证各加工表面都有足够的加工余量,而使误差和缺陷在加工后排除。

借料划线时,通过试划和调整,使毛坯上各加工表面的余量合理分配,互相借用,使毛坯误差和缺陷在加工后排除。借料划线工艺过程如图1-49所示。

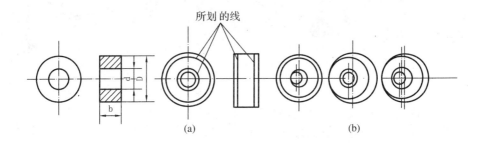

图1-49　借料划线的方法

6. 划线操作举例

(1)分析图样,检查毛坯是否合格,确定划线基准。

(2)清除毛坯上的氧化层和毛刺。涂颜料,如图1-50(a)(b)所示。

(3)支承、找正工件,如图1-51所示。

(4)按照图样尺寸技术要求划出各水平线,如图1-52所示。

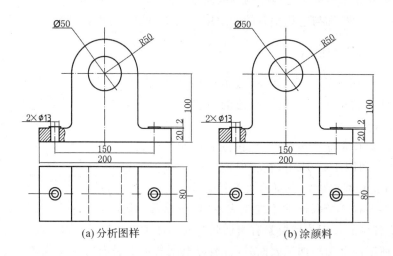

(a) 分析图样　　　　　　　　(b) 涂颜料

图 1-50　划线操作举例

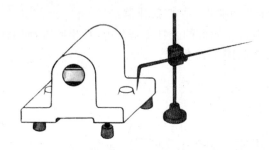

图 1-51　支承、找正工件

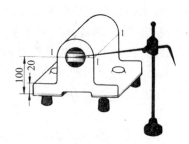

图 1-52　划出各水平线

(5)将工件翻转 90°，找正后划线，如图 1-53 所示。

(6)将工件翻转 90°，找正后划线，如图 1-54 所示。

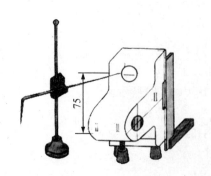

图 1-53　划出各水平线

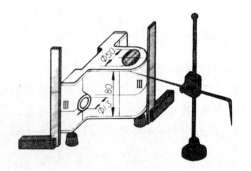

图 1-54　划出各水平线

（7）检查划线是否正确后,如果正确,打样冲眼,如图 1-55 示。

四、划线技能训练

1. 训练任务

本单元的训练任务有两个,一是按照 1.2 教师下发的作业任务书和要求,完成复形样板的划线任务;第二是完成下列任务。

现有一划线样板,其形状和尺寸要求如图 1-56 所示。请根据图样要求,在板料上把全部线条划出。

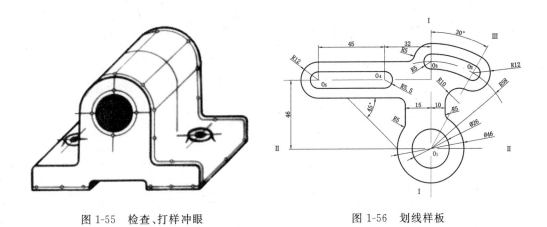

图 1-55 检查、打样冲眼   图 1-56 划线样板

2. 操作步骤

划线前的准各工作:

（1）看清图样,详细了解零件上需划线的部位和有关加工工艺。明确零件及划线的有关部位的作用和要求。

（2）清理工件,去除要进行划线的工件上的毛剌和锈斑以及铸件毛坯上的残余型砂等。

（3）准备划线平台、钢直尺、划针、划规、样冲、角度尺等划线工具。

具体划线过程:

（1）先在孔 $\phi 26$ mm 中心处划两条互相垂直的中心线 I—I 和 II—II,以此为基准得到圆心 O_1。

（2）以 O_1 为起点,作 300 斜线 O_1—III,再以 O_1 为圆心,及 58mm 为半径画弧线,得圆心 O_1、O_2。

（3）划出尺寸 32mm、45mm 的垂线和 46mm 的水平线,得圆心 O_1、O_2。

（4）以 O_1 为圆心,划 $\phi 26$ mm 的圆和 $\phi 46$ mm 的圆弧。以 O_2 和 O_3 圆心,$R5$ mm 及 $R12$ mm 为半径划弧。以 O_1 和 O_2 为圆心,$R5.5$ mm 和 $R12$ mm 为半径划弧。

（5）以 O_1 为圆心,$R53$ mm、$R63$ mm 和 $R70$ mm 为半径,划出 $R5$ mm 和 $R12$ mm 的内切连接圆弧。

（6）作出 $R5.5mm$ 的两半圆弧的公切线，再作出左端 $R12mm$ 的两条水平切线。

（7）划出尺寸为 10mm 的竖直线，求出 $R5$ 和 $R10$ 弧的圆心，并划出 $R5$ 和 $R10$ 圆弧。

（8）划出尺寸为 15mm 的竖直线，求出两处 $R5$ 弧的圆心，并划出 $R5$ 圆弧。

（9）求出最后一个 $R5$ 弧的圆心，并划出及 5 圆弧，再划出 450 的斜线。

（10）捡查所划的线无误后，应在划线交点处及按一定间隔在所划线上打上样冲眼，以便加工时界限清晰可靠。

划线质量检测见表 1-6。

表 1-6　划线质量检查及评分标准

序号	考核要求	配分	评定办法	实测记录	得分
1	涂色薄而均匀	4	目测		
2	图形及其排列位置正确	12	每差错一图扣 3 分		
3	线条清晰无重线	10	线条不清晰或有重线每处扣 1 分		
4	尺寸及线条位置公差	26	每处超差扣 2 分		
5	各圆弧连接圆滑	12	一处不好扣 2 分		
6	冲点位置公差 0.3	16	凡冲偏一只扣 2 分		
7	检验样冲眼分布合理	10	分布一处不合理扣 2 分		
8	使用工具正确，操作姿态正确	10	发现一处不正确扣 2 分		
9	文明与安全生产	扣分	违者每次扣 5 分		

1.3　复形样板成形过程中锯削的训练

复形样板成形过程中锯削的训练共 6 学时，具体内容如表 1-7 所示。

表 1-7 复形样板成形过程中锯削

步骤	教学内容	教学方法	教学手段	学生活动	时间分配
教师示范,同学练习,阶段点评课,从中进行分析	对于复形样板成形过程中,按照图纸尺寸要求,会安装锯条,锯削姿势正确,锯削技能达到比较熟练的程度,要求得到复形样板的尺寸中至少50%以上达到图纸要求。	以小组为单位领取作业所需的工具和材料,安排好各小组的工位场地。	安排学生以小组为单位进行讨论,要求每个成员提出自己加工工艺。	个别回答	10分钟
引入(任务二:复形样板成形过程中锯削的训练)	集中学生进行作业任务书的细致讲解,提出具体考核目标和要求。	按照学习小组下发任务书,讲解,提出具体考核目标和要求。	教师参与各小组的讨论,提出指导性意见或建议。	小组讨论代表发言互相点评	30分钟
操练	分析复型样板的零件图中的尺寸关系,画好线后,进行锯削。	安排各小组选派代表陈述本小组制定的锯削思路,提出存在的问题。	要求各小组确定最终工艺方法。	学生模仿	60分钟
深化(加深对基本能力的体会)	按照图纸要求,选择锯削工具,进行锯削。	各小组实施加工锯削作业,教师进行安全监督及指导。	课件板书	学生实际操作个人操作小组操作集体操作	30分钟
归纳(知识和能力)	各小组锯削过程中经常进行测量,提出自己的见解。	要求各小组进行阶段总结和互评。	课件板书。	小组讨论代表发言	30分钟

续表

步骤	教学内容	教学方法	教学手段	学生活动	时间分配
训练 巩固 拓展 检验	训练项目：复型样板锯削。	考察各小组作业完成的进度，观察各位学生的工作态度、劳动纪律、操作技能。	课件板书。	个人操作 小组操作 集体操作	120分钟
总结	各小组对锯削结果进行总结、修改	教师讲授或提问	课件板书。		18分钟
作业	作业题、要求、完成时间。				2分钟
后记					

通过一周实训完成复型样板的制作，这个教学单元主要解决制作过程的锯削问题。指导学生了解锯削的相关知识，掌握锯削的相关工作要领。

一、锯削的概念及工作范围

锯削的概念：用手锯锯断金属材料或在工件上锯出沟槽的操作称为锯削。

锯削的工作范围包括：分割各种材料或半成品；锯掉工件上多余的部分；以及在工件上开槽，如图1-57所示。

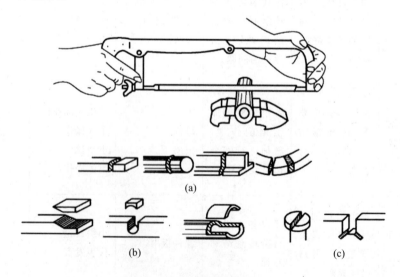

图 1-57　锯削及其工作范围

二、锯削工具及其操作要领

手锯是人工锯割的常用工具,利用它可分割金属材料、木料和硬塑料等。手锯由锯条和锯弓两部分组成。

(1)锯弓:锯弓是用来按照并张紧锯条的,锯弓分为固定式和可调式两类。如图1-58所示。固定式锯弓只能安装一锯条;而可调式锯弓通过调节安装距离,可以安装几种长度规格的锯条。最常用的是可调式锯弓。

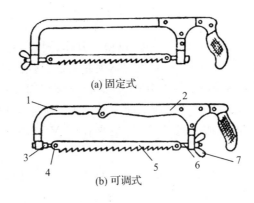

(a) 固定式

(b) 可调式

图1-58 锯弓的构造

(2)锯条:锯条是用来直接锯削材料或工件的工具。一般锯条用碳素工具钢(如T10或T12)或合金工具钢或渗碳钢冷轧制成,并经过热处理淬硬。

锯条的规格:以锯条两端安装孔间的距离来表示(长度有150~400mm)。常用的手工锯条长300mm,宽12mm,厚0.8mm。

锯条锯齿的粗细是按照锯条上每25mm长度内的齿数来表示,14~18齿为粗齿,24齿为中齿,32齿为细齿三种。使用时应根据所锯材料的硬度、厚薄来选择。锯齿粗细的分类及应用见表1-8。

表1-8 锯齿粗细及应用

锯条规格	适用材料
粗齿(齿距为1.4~1.8mm)	软钢、铝、紫铜及较厚工件
中齿(齿距为1.2mm)	普通钢材、铸铁、黄铜、厚壁管、较厚型钢等
粗齿(齿距为0.8~1mm)	硬性金属、小而薄的型钢、板料、薄壁管等

三、手工锯割的操作方法和步骤

(1)锯条的安装:安装锯条时松紧要适当,过松或过紧都容易使锯条在锯削时折断。因手锯是向前推时进行切削,而在向后返回时不起切削作用,因此安装锯条时一定要保证齿尖的方向朝前。即安装锯条时,锯齿方向必须朝前。安装方法如图1-59所示。特别注意:锯条安装时应使齿尖的方向朝前。见图 1-59 所示。其松紧程度以用手扳动锯条,感觉硬实以及有一点弹性即可。

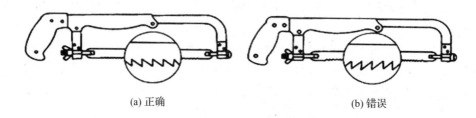

(a) 正确　　　　　　　　　　　　　　　　(b) 错误

图 1-59　锯条安装正装

　　(2)工件的夹持:工件应夹在虎钳的左边,以便于操作;同时工件伸出钳口的部分不要太长,应使锯缝离开钳口侧面 20mm 左右,以免在锯削时引起工件的抖动;锯缝线要与钳口侧面保持平行,便于控制锯缝不偏离划线线条;工件夹持应该牢固,防止工件松动或使锯条折断。同时要避免将工件夹变形和夹坏已加工面。对于板料如果较薄的话,可以两面加木块作为衬垫;对于薄壁管子和精加工过的管子,应夹在有 V 形槽的两衬垫之间,如图 1-60 所示。

　　(3)手锯的握法,一般握锯方法是右手握住锯柄,左手握住锯弓的前端。如图 1-60 所示。

　　(4)站立姿势:锯削时人体质量均分在两腿上,锯削时推力和压力主要由右手控制,左手压力不要过大,主要应配合右手扶正锯弓,锯弓向前推出时加压力,回程时不加压力,在零件上轻轻滑过。锯削时左脚超前半部,身体略向前倾与台虎钳中心约成 75°,两腿自然站立,人体重心稍偏于右脚,如图 1-61 所示。

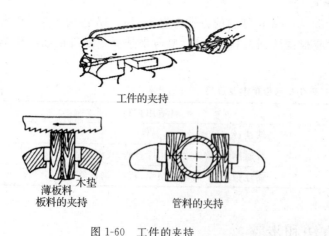

工件的夹持

薄板料
板料的夹持　　木垫

管料的夹持

图 1-60　工件的夹持

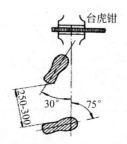

台虎钳

250~300　30°　75°

图 1-61　锯削时操作者站立位置

　　(5)起锯和收锯:起锯是锯削工作的开始,起锯的好坏直接影响锯削质量。

　　起锯时利用锯条的前端(远起锯)或后端(近起锯),靠在一个面的棱边上起锯。无论采用哪一种起锯方法,起锯角 α 以 15°为宜。如起锯角太大,则锯齿易被工件棱边卡住;起锯角太小,则不易切入材料,锯条还可能打滑,把工件表面锯坏。最少要有三个齿同时接触工件。一般情况下采用远边起锯,因为此时锯齿是逐步切入材料,不易被卡住。如采用近边起锯,掌握不好时,锯齿由于突然锯入且较深,容易被工件棱边卡住,甚至崩断或崩齿。

为了使起锯的位置准确和平稳,可用左手大拇指挡住锯条来定位,使锯条保持在正确的位置。起锯时压力要小,往返行程要短,速度要慢,这样可使起锯平稳,如图 1-62 所示。

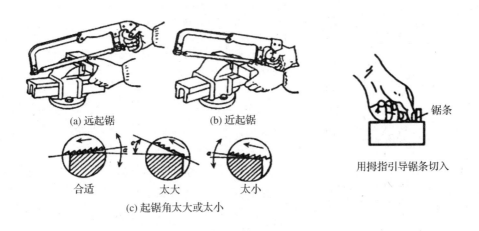

图 1-62　起锯方法

(6)锯削的动作和速度:推锯时,给以适当压力,体稍向前倾斜,利用身体的前后摆动,带动手锯前后运动。拉锯时应将所给压力取消,以减少对锯齿的磨损。

(7)最好使锯条全部长度参与切削,一般锯弓的往返长度不应小于锯条长度的 2/3。

(8)锯削时应注意推拉频率:对软材料和有色金属材料频率为每分钟往复 50～60 次,对普通钢材频率为每分钟往复 30～40 次。

(9)要经常注意锯缝的平直情况,如发现歪斜应及时纠正。歪斜过多纠正困难,不能保证锯削的质量。

(10)工件将锯断时压力要小,避免压力过大使工件突然断开,手向前冲造成事故。一般工件将锯断时要用左手扶住工件断开部分,以免落下伤脚。

本单元锯削训练任务按照教师下发的作业任务书和要求,完成复形样板的锯削,并按照要求进行测评。

1.4　复形样板成形过程中锉削的训练

复形样板成形过程中锉削的训练共 6 学时,具体内容如表 1-9 所示。

表 1-9　复形样板成形过程中锉削的训练

步骤	教学内容	教学方法	教学手段	学生活动	时间分配
教师示范,同学练习,阶段点评课,从中进行分析	对于复形样板成形过程中,按照图纸尺寸要求,会选择锉,锉削姿势正确,锉削技能达到比较熟练的程度,要求得到复形样板的尺寸中圆弧的尺寸要求和表面粗糙度的要求至少 50% 以上达到图纸要求。	以小组为单位领取作业所需的工具和材料,安排好各小组的工位场地。	安排学生以小组为单位进行讨论,要求每个成员提出自己加工工艺。	个别回答	10 分钟
引入(任务三:复形样板成形过程中锉削的训练)	集中学生进行作业任务书的细致讲解,提出具体考核目标和要求。	按照学习小组下发任务书,讲解,提出具体考核目标和要求。	教师参与各小组的讨论,提出指导性意见或建议。	小组讨论代表发言互相点评	30 分钟
操练	分析复形样板的零件图中的尺寸关系,画好线后,进行锯削,然后进行锉削。	安排各小组选派代表陈述本小组制定的划线思路,提出存在的问题。	要求各小组确定最终工艺方法。	学生模仿	60 分钟
深化(加深对基本能力的体会)	按照图纸要求,选择锉削工具,进行锉削。	各小组实施加工锉削作业,教师进行安全监督及指导。	课件板书	学生实际操作个人操作小组操作集体操作	30 分钟
归纳(知识和能力)	各小组锉削过程中经常进行测量,提出自己的见解。	要求各小组进行阶段总结和互评。	课件板书	小组讨论代表发言	30 分钟
训练巩固拓展检验	训练项目:复形样板锉削。	考察各小组作业完成的进度,观察各位学生的工作态度、劳动纪律、操作技能。	课件板书	个人操作小组操作集体操作	120 分钟

续表

步骤	教学内容	教学方法	教学手段	学生活动	时间分配
总结	各小组对锉削结果进行总结、修改。	教师讲授或提问	课件板书		18分钟
作业	作业题、要求、完成时间。				2分钟
后记					

通过一周实训完成复形样板的制作,这个教学单元主要解决制作过程的锉削问题。

1.4.1 锉削

教学目标:指导学生了解锉削的相关知识,掌握锉削的相关工作要领。

一、锉削的概念与锉刀的构造

(1)锉削的概念:用锉刀从零件表面锉掉多余的金属,使零件达到图样要求的尺寸、形状和表面粗糙度的操作叫作锉削。其应用范围很广,可锉工件的外表面、内孔、沟槽和各种形状复杂的表面。锉削的精度可达 IT8～IT7,表面粗糙度可达 $Ra1.6～0.8\mu m$。如图 1-63 所示。

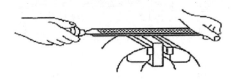

图 1-63 锉削

锉刀是锉削的主要工具,一般由碳素工具钢 T12 或 T13 制成,经过热处理淬硬,其切削部分的硬度达到 62HRC 以上。

(2)锉刀的构造:锉刀主要由锉身和锉柄两部分组成,如图 1-65 所示。锉刀面是锉削的主要工作面。锉刀面上有许多锉齿。锉削时每个锉齿相当于一把錾子在对材料进行切削,锉纹是由锉齿有规则排列的图案,锉刀的齿纹分为单齿纹和双齿纹两种,如图 1-64 所示。

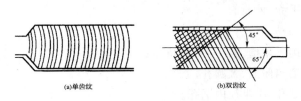

(a)单齿纹　　　(b)双齿纹

图 1-64　锉刀的齿纹

单齿纹只有一个方向齿纹,常用于锉削软材料如铝、铜;双齿纹有两个方向的齿纹,齿纹浅的叫作底齿纹,齿纹深的叫作面齿纹,适合于硬材料的锉削。

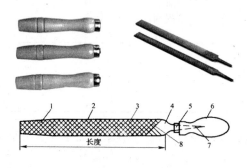

图 1-65　锉刀的构造

二、锉刀的分类

锉刀按其用途来划分,有普通锉、整形锉(或称什锦锉)和特种锉。其中普通锉使用最多。

(1)普通锉。普通锉按其截面形状可分为平锉、半圆锉、方锉、三角锉及圆锉五种。这些锉刀是钳工日常加工主要用的锉削工具,如图 1-66 所示。

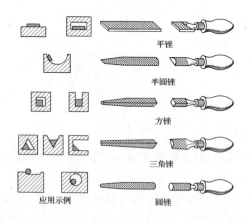

图 1-66　钳工普通锉刀分类

平锉用于:锉削平面、外曲面;

方锉用于:锉削凹槽、方孔;

三角锉用于:锉削三角槽、大于 60°内角面;

半圆锉用于:锉削内曲面、大圆孔;

圆锉用于:锉削圆孔、小半径内圆孔。

(2)整形锉(什锦锉)。主要用于精细加工及修整工件上难以机加工的细小部位。它由若干把各种截面形状的锉刀组成一套。如图 1-67 所示。

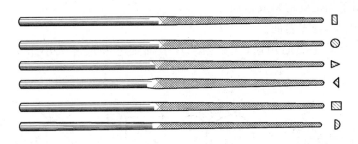

图 1-67 钳工什锦锉刀分类

（3）特种锉。为加工零件上特殊表面用的，它有直的、弯曲的两种，其截面形状很多，如图 1-68 所示。

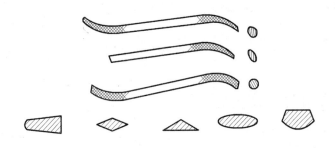

图 1-68 钳工特种锉刀分类

三、锉刀的规格及选用

锉刀的规格：锉刀的规格分为两种：一是锉刀的尺寸规格。这种规格规定：对于方锉刀的尺寸规格以方形尺寸进行表示；圆锉刀的尺寸规格以直径尺寸进行表示；其他锉刀以锉身长度表示，常见锉身长度有 100～400mm 多种规格。二是锉刀的齿纹粗细规格。这种规格规定：以锉刀每 10mm 轴向长度内有主锉纹的条数表示，主锉纹指锉刀上起主要切削作用的齿纹；而另一个方向上起分削作用的齿纹，称为辅助齿纹。锉刀齿纹规格选用见表 1-10。

表 1-10 锉刀齿纹规格选用

锉刀粗细	适用场合		
	锉削余量（mm）	尺寸精度（mm）	表面粗糙度（μm）
1 号（粗齿锉刀）	0.5～1	0.2～0.5	$Ra100～25$
2 号（中齿锉刀）	0.2～0.5	0.05～0.2	$Ra\ 25～6.3$
3 号（细齿锉刀）	0.1～0.3	0.02～0.05	$Ra\ 12.5～3.2$
4 号（双细齿锉刀）	0.1～0.2	0.01～0.02	$Ra\ 6.3～1.6$
5 号（油光锉刀）	0.1 以下	0.01	$Ra\ 1.6～0.8$

粗齿锉刀用于加工软材料,如铜、铅等或粗加工;

细齿锉刀用于加工硬材料或精加工;

光锉刀用于最后修光表面。

每种锉刀都有其主要的用途,应根据工件表面形状和尺寸大小来选用,具体选择见图 1-69 所示。

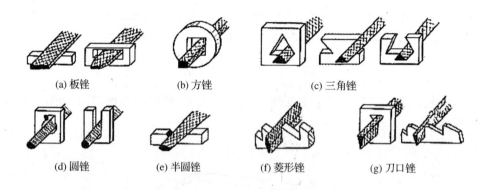

| (a) 板锉 | (b) 方锉 | (c) 三角锉 |

| (d) 圆锉 | (e) 半圆锉 | (f) 菱形锉 | (g) 刀口锉 |

图 1-69　钳工锉刀的选用

四、锉削的相关工作要领

1. 锉削操作步骤

(1)根据加工工件不同几何形状和具体情况,选择锉刀并按照好锉刀柄,锉刀柄安装孔的深度约等于锉舌长度,孔的直径应使锉舌能自由插入 1/2 的深度。其装拆方法如图 1-70 所示。

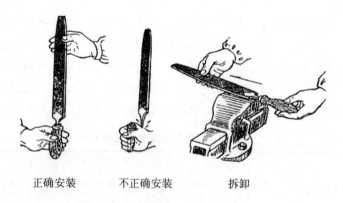

正确安装　　　不正确安装　　　拆卸

图 1-70　锉刀柄的安装

(2)装夹工件,工件装夹在台虎钳钳口的中间,略高于钳口。对于夹持已加工表面时,垫以铜片或锌片。对于易于变形工件,使用辅助材料设法装夹。

(3)锉削方法,正确锉削方法包含以下三个内容:

1)锉刀的握法:由于各种锉刀的大小和形状不同,因而其握法也不同。

①大锉刀的握法:右手心抵着锉刀木柄的端头,大拇指放在锉刀木柄的上面,其余四指弯在下面,配合大拇指捏住锉刀木柄。左手则根据锉刀大小和用力的轻重,有多种姿势,如图 1-71 所示。

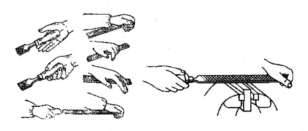

图 1-71　大锉刀的握法

②中锉刀的握法:右手握法与大锉刀握法相同,左手用大拇指和食指捏住锉刀前端。如图 1-72 所示。

③小锉刀的握法:右手食指伸直,拇指放在锉刀木柄上面,食指靠在锉刀的刀边,左手几个手指压在锉刀中部。如图 1-73 所示。

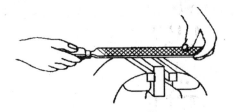

图 1-72　中锉刀的握法

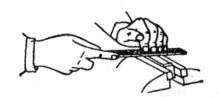

图 1-73　小锉刀的握法

2)锉削姿势:锉削时要站立自然,便于用力,身体重心应落在左脚上,伸直右膝,脚始终站稳不移动,左膝随锉削时的往复运动而屈伸。锉削时,两脚站稳不动,靠左膝的屈伸使身体做往复运动,手臂和身体的运动要互相配合,并要使锉刀的全长充分利用。如图 1-74 所示。

开始锉削时身体要向前倾斜 10°左右,左肘弯曲,右肘向后。锉刀推出 1/3 行程时身体向前倾斜 15°左右,此时左腿稍直,右臂向前推,推到 2/3 时,身体倾斜到 18°左右,最后左腿继续弯曲,右肘渐直,右臂向前使锉刀继续推进至尽头,身体随锉刀的反作用方向回到 15°位置,如图 1-75 所示。

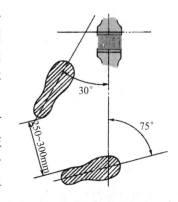

图 1-74　锉削站立

3)锉削力的运用:锉削平面时,为使锉刀在工件上保持平衡,必须使右手的压力随锉刀的推前而逐渐增加,左手的压力则相反。在锉削过程中,锉刀的运动应平直,其关键在于不断地调整左右手的压力,使锉刀两端的力矩平衡。锉削回程时不加压力,以减少锉齿的磨损。

锉削力的正确运用,是锉削的关键。锉削的力量有水平推力和垂直压力两种。推力主

(a) 开始锉削　　　(b) 锉刀推出 1/3 的行程　　　(c) 锉刀推出 2/3 的行程　　　(d) 锉刀行程推尽时

图 1-75　锉削的姿势

要由右手控制,其大小必须大于切削阻力才能锉去切屑。压力是由两手控制的,其作用是使锉齿深入金属表面。两种压力大小也必须随着变化两手压力对工件中心的力矩相等,这是保证锉刀平直运动的关键。方法是:随着锉刀推进,左手压力应由大而逐渐减小,右手的压力则由小而逐渐增大,到中间时两手相等。如图 1-76 所示。

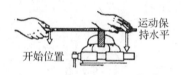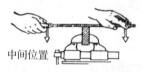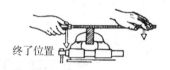

图 1-76　锉削力的运用

2. 注意问题

　　锉刀只在推进时加力进行切削,返回时,不加力、不切削,把锉刀返回即可,否则易造成锉刀过早磨损;锉削时,对锉刀的总压力不能太大,因为锉齿存屑空间有限,压力太大只能使锉刀磨损加快。但压力也不能过小,过小锉刀打滑,达不到切削目的。一般是以在向前推进时手上有一种韧性感觉为适宜。锉削时利用锉刀的有效长度进行切削加工,不能只用局部某一段,否则局部磨损过重,造成寿命降低。速度:一般 30～40 次/分,速度过快,操作者容易疲劳,且锉齿易磨钝;太慢,切削效率低。锉削时,眼睛要注视锉刀往复运动,观察手部用力是否得当;锉了几次要观察锉削平面是否平整,发现问题应及时纠正。

1.4.2　平面锉削

教学目标:指导学生进行平面锉削的相关练习。

一、选择锉刀

　　根据加工余量选择:若加工余量大,则选用粗锉刀或大型锉刀;反之则选用细锉刀或小型锉刀。

　　根据加工精度选择:若工件的加工精度要求较高,则选用细锉刀,反之则用粗锉刀。

二、工件夹持

将工件夹在虎钳钳口的中间部位,伸出不能太高,否则易振动,若表面已加工过,则垫铜钳口。

三、锉削方法

(1)平面锉削:这是最基本的锉削,平面锉削时,锉刀要按一定的方向进行锉削,并在锉削回程时稍做平移,这样逐步将整个面锉平。常用的方法有三种,即顺向锉法、交叉锉法及推锉法。

(2)顺向锉法:顺向锉是最基本的一种锉削方法,锉刀运动方向与工件夹持方向始终一致,在锉宽平面时,为使整个加工平面能均匀地锉削,每次退回锉刀时应在横向作适当的移动,顺向锉的锉纹整齐一致,锉削平面可得到正直的锉痕,比较整齐美观,精锉时常采用,适用于锉削小平面和最后修光工件。如图 1-77 所示。

(3)交叉锉法:是以交叉的两方向顺序对工件进行锉削,锉刀运动方向与工件夹持方向约成 30°~40°,由于锉痕是交叉的,且锉刀与工件的接触面大,容易判断锉削表面的不平程度,因而也容易把表面锉平。交叉锉法去屑较快,适用于平面的粗锉。交叉锉只适用于粗锉,精加工时要改用顺向锉。如图 1-78 所示。

(4)推锉法:两手对称地握住锉刀,用两大拇指推锉刀进行锉削。这种方法适用于较窄表面且已经锉平、加工余量很小的情况下,来修正尺寸和减小表面粗糙度。如图 1-79 所示。

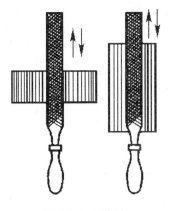

图 1-77 顺向锉

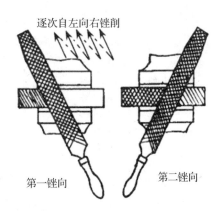

图 1-78 交叉锉

锉刀使用及安全注意事项:

(1)不使用无柄或柄已裂开的锉刀,防止刺伤手腕;

(2)不能用嘴吹铁屑,防止铁屑飞进眼睛;

(3)锉削过程中不要用手抚摸锉面,以防锉时打滑;

(4)锉面堵塞后,用铜锉刷顺着齿纹方向刷去铁屑;

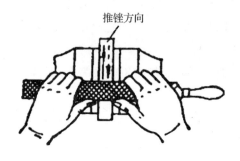

图 1-79　推锉

(5)锉刀放置时不应伸出钳台以外,以免碰落砸伤脚。

本单元的锉削训练任务是按照1.2教师的作业任务书和要求完成复形样板的锉削并进行测评。

1.5　复形样板成形过程中钻削的训练

复形样板成形过程中钻削的训练共 6 学时,具体内容如表 1-11 所示。

表 1-11　复形样板成形过程中钻削的训练

步骤	教学内容	教学方法	教学手段	学生活动	时间分配
教师示范,同学练习,阶段点评课,从中进行分析	对于复形样板成形过程中,按照图纸尺寸要求,会选钻头规格、会安装钻头、会使用钻床,钻孔技能达到比较熟练的程度,要求得到复形样板的孔径和孔与相关边的尺寸中至少 50% 以上达到图纸要求。	以小组为单位领取作业所需的工具和材料,安排好各小组的工位场地。	安排学生以小组为单位进行讨论,要求每个成员提出自己加工工艺。	个别回答	10 分钟
引入(任务四:复形样板成形过程中钻削的训练)	集中学生进行作业任务书的细致讲解,提出具体考核目标和要求。	按照学习小组下发任务书,讲解,提出具体考核目标和要求。	教师参与各小组的讨论,提出指导性意见或建议。	小组讨论代表发言互相点评	30 分钟

续表

步骤	教学内容	教学方法	教学手段	学生活动	时间分配
操练	分析复形样板的零件图中的尺寸关系,画好线后,进行锯削,然后进行锉削,钻孔。	安排各小组选派代表陈述本小组制定的钻孔思路,提出存在的问题。	要求各小组确定最终工艺方法。	学生模仿	60分钟
深化(加深对基本能力的体会)	按照图纸要求,选择钻孔工具,进行钻孔。	各小组实施加工钻孔作业,教师进行安全监督及指导。	课件板书。	学生实际操作个人操作小组操作集体操作	30分钟
归纳(知识和能力)	各小组钻孔过程中经常进行测量,提出自己的见解。	要求各小组进行阶段总结和互评。	课件板书	小组讨论代表发言	30分钟
训练巩固拓展检验	训练项目:复形样板钻孔。	考察各小组作业完成的进度,观察各位学生的工作态度、劳动纪律、操作技能。	课件板书。	个人操作小组操作集体操作	120分钟
总结	各小组对钻孔结果进行总结、修改。	教师讲授或提问	课件板书。		18分钟
作业	作业题、要求、完成时间。				2分钟
后记					

通过一周实训完成复形样板的制作,这个教学单元主要解决制作过程的钻孔问题。

1.5.1 钻孔

教学目标:指导学生了解钻孔的相关知识,掌握钻孔的相关工作要领。

一、钻孔的概念与钻头以及钻削特点

1. 钻孔的概念

孔的形成:大家知道无论什么机器,从制造每个零件到最后装成机器为止,几乎都离不开孔,这些孔就是通过如铸、锻、车、镗、磨,在钳工有钻、扩、绞、锪等加工形成。选择不同的加工方法所得到的精度、表面粗糙度不同。合理的选择加工方法有利于降低成本,提高工作效率。

内孔表面是零件上的主要表面之一，根据零件在机械产品中的作用不同，不同结构的内孔有不同的精度和表面质量要求。按照孔与其他零件的相对连接关系的不同，可分为配合孔与非配合孔；按其几何特征的不同，可分为通孔、盲孔、阶梯孔、锥孔等；按其几何形状不同，可分为圆孔，非圆孔等。由于孔加工是对零件内表面的加工，对加工过程的观察、控制困难，加工难度要比外圆表面等开放型表面的加工大得多。孔的加工过程主要有以下几个方面的特点：

（1）孔加工刀具多为定尺寸刀具，如钻头、铰刀等，刀具磨损造成的形状和尺寸的变化会直接影响被加工孔的精度。

（2）由于受被加工孔尺寸的限制，切削速度很难提高，影响加工生产率和加工表面质量。

（3）刀具的结构受孔尺寸的直径和长度的限制，刚性较差。

（4）孔加工时，刀具一般是在半封闭的空间工作，切屑排除困难；冷却液难以进入加工区域，散热条件不好。

钻孔是用钻头在实体材料上加工孔的方法。在钻床上钻孔，工件固定不动，钻头一边旋转（主轴运动称为主运动），一边轴向向下移动（称为进给运动），如图 1-80 所示。由于钻头结

图 1-80　钻孔运动

构上存在着刚度差和导向性差等缺点，因而影响了加工质量。钻孔属于粗加工，尺寸公差等级一般为 IT IT10～ IT11，表面粗糙度为 Ra 25～100μm。

2. 钻头

钳工钻孔的工具通常有钻床和钻头。

钻孔所用钳工常用的钻有：台式钻床、立式钻床、摇臂钻床等。这些设备前面已经介绍过了，在此不赘述了。

钻头是钻孔用的主要刀削刀具，它由柄部、颈部和切削部分组成，柄部是钻头的夹持部分，用于与机床联接，起定心和传递动力的作用，钻柄有锥柄和直柄两种，如图 1-81、图 1-82 所示，一般直径小于 13mm 为直柄，直柄传递扭矩力较小；直径大于 13mm 的为锥柄，锥柄可传递较大扭矩。颈部是为磨制钻头时供砂轮退刃所用。钻头的规格、材料和商标一般刻印在颈部。麻花钻的工作部分又分为切削和导向两部分，工作部分是钻头的主要部分，前端为切削部分，承担主要的切削工作；后端为导向部分，起引导钻头的作用，也是切削部分的后备部分。其工作部分的材料一般用高速钢（W18Cr4V 或 W6Mo5Cr4V2）制成，淬火后的硬度可达 HRC 62～68，其柄部的材料一般采用 45 钢。

麻花钻有两条对称的螺旋槽，用来形成切削刃，且作输送切削液和排屑之用。前端的切削部分有两条对称的主切削刃，两刃之间的夹角 2φ 称为锋角，一般为 116°～118°。两个顶面的交线叫作横刃。导向部分上的两条刃带在切削时起导向作用，同时又能减小钻头与工件孔壁的摩擦。标准麻花钻的切削部分由五刃（两条主切削刃、两条副切削刃和一条横刃）和六面（两个前刀面、两个后刀面和两个副后刀面）组成。导向部分的边缘有两条棱带，它的

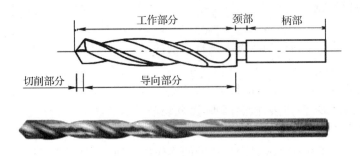

图 1-81　直柄麻花钻头

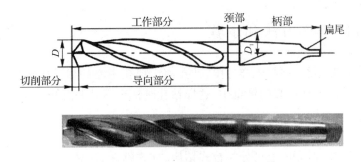

图 1-82　锥柄麻花钻头

直径略有倒锥(每 10mm 长度内,直径向柄部减少 0.05～0.1mm),这样既可以引导钻头切削的方向,又可以减少钻头与孔壁的摩擦,这两条棱带我们称之为刃带。如图 1-83 所示。

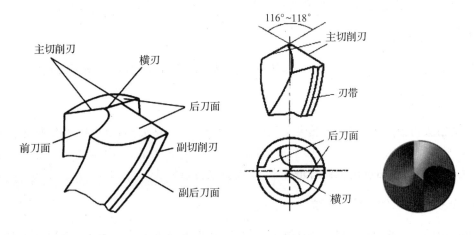

图 1-83　麻花钻头切削部分

二、钻削特点

钻削时,钻头是在半封闭的状态下进行切削的,转速高,切削用量大,排屑又很困难,因此钻削具有如下特点:

(1)摩擦比较严重,需要较大的钻削力;

(2)产生的热量多,而传热、散热困难,因此切削温度较高;

(3)钻头的高速旋转以及由此而产生的较高切削温度,易造成钻头严重磨损;

(4)钻削时的挤压和摩擦容易产生孔壁的冷作硬化现象,给下道工序加工增加困难;

(5)钻头细而长,稳定性差,钻削时容易产生振动及引偏;

(6)加工精度低,尺寸精度只能达到 IT10～ IT11,表面粗糙度值只能达到 Ra 25 ～100μm。

三、钻孔的操作方法和步骤

在工件表面正确划线,并打上样冲眼,钻孔前应把孔中心的样冲眼用样冲再冲大一些,使钻头的横刃预先落入样冲眼的锥坑中,这样钻孔时钻头不易偏离孔的中心。

1. 钻床的选择

钻床的种类较多,但大体上可分为台式钻床、立式钻床、摇臂钻床。台式钻床一般用来钻削小型工件上直径 $D<13$mm 的孔,它采用皮带传动,变速来用五级塔轮,改变 V 型带在两个塔轮槽的不同安装位置,可使主轴获得 5 种速度。立式钻床与摇臂钻床主要用来钻削较大工件上的孔,一般最大钻孔直径为 25,35,40,50mm。立式钻床的传动是采用齿轮传动。钻床装有正、反开关,钻床在使用时变换速度必须要先停车,待机床停稳后方可调整速度,特别注意:钳工在使用钻床钻孔时严禁戴手套操作,女同学必须戴工作帽。

2. 钻头的选择

选择麻花钻头主要依据两点,一是工件需要钻孔的直径尺寸,二是钻削的材料。

3. 钻头的安装与拆卸

直柄钻头可插入钻夹头,用钻夹头钥匙旋紧,不能打击钻夹头,以免损坏夹头及钻床(如图 1-84 所示)。锥柄钻头应与钻床主轴莫氏锥孔一致时方可装入,如锥度不一致可选用钻套(锥套);拆卸时锥钻可用斜铁打击卸下,不能直接打击钻头。

4. 正确选择工件的装夹方法

钻孔中的安全事故,大都是由于工件的夹持方法不对造成的。因此,应注意工件的夹持。钻孔时由于切削力较大,所以工件必须要夹紧,不能松动。装夹与工件形状联系密切,钳工钻孔时工件装夹方法如下:

(1)对于小件和薄板零件钻孔,可将工件放置在定位块上,要用手虎钳夹持工件,如图 1-85 所示;

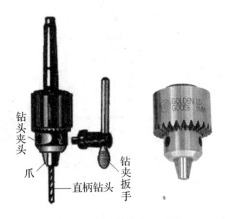

图 1-84　直柄钻头夹持方法

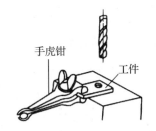

图 1-85　用手虎钳夹持工件

(2)对于较小平整的工件或中等零件,可用平口钳夹紧,装夹时,应使划线工件表面与钻头垂直;钻孔直径在 φ8mm 以上时,必须将平口钳用螺栓、压板固定,如图 1-86 所示;

(3)对于在圆柱形工件侧面钻孔的工件,可以采用 V 型铁装夹工件,装夹时,应使钻头轴线垂直通过 V 形体的对称平面,保证钻出孔的中心线通过工件轴心线,如图 1-87 所示;

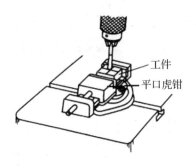

图 1-86　用平口虎钳夹持工件

图 1-87　用 V 形铁夹持工件

(4)对于工件较大和其他不适合用虎钳夹紧的工件,可直接用压板螺钉固定在钻床工作台上,如图 1-88 所示;

(5)对于大型工件在钻孔时除压紧以外,还应采用千斤顶支承,防止工件受力变形,如图 1-89 所示;

(6)对于大批量工件的钻孔加工可采用钻模装夹定位,如图 1-90 所示。

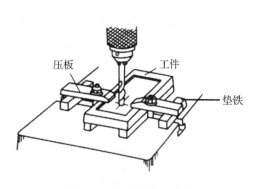

图 1-88　用压板夹持工件

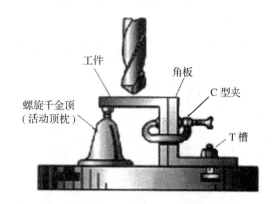

图 1-89　利用角板、C 型夹子、螺旋千斤顶夹持工件

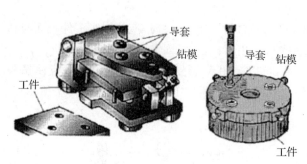

图 1-90　钻模装夹工件

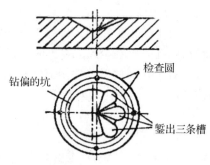

图 1-91　钻头刃磨时与砂轮的相对位置

5. 钻孔

先恰当选择转速，检查钻床运转是否正常；然后慢慢将钻轴把手拉下，将钻头对准已经提前打好的样冲眼，准备起钻；起钻时要待钻头旋转平稳后再接触工件表面，把钻头对准孔的中心（样冲眼）先试钻一个约孔径 1/4 的浅坑，这时观察钻孔位置是否正确，如钻出的锥坑与所划的钻孔圆周线不同心，应及时借正。所谓借正是指如钻出的锥坑与所划的钻孔圆周线偏位较少，可移动工件（在起钻的同时用力将工件向偏位的反方向推移）或移动钻床主轴（摇臂钻床钻孔时）来借正；如偏位较多，可在借正方向打上几个样冲眼或用油槽錾錾出几条槽，如图 1-91 所示。钻孔时进给力不要太大，以免使钻孔轴线歪斜。要经常退钻排屑。钻深孔时，若钻头钻进深度达到直径的 3 倍，钻头就要退出排屑一次，以后每钻进一定深度，钻头就要退出排屑一次。应防止连续钻进，使切屑堵塞在钻头的螺旋槽内而折断钻头。钻孔将穿时，必须减小进给量，如果采用自动进给，则应改为手动进给。钻孔过程中加注足够的冷却润滑液，使钻头散热、冷却、减少摩擦，提高孔的加工质量和延长钻头的使用寿命。钻不通孔时，可按所需钻孔深度调整钻床挡块限位，当所需孔深度要求不高时，也可用表尺限位。钻头用钝后必须及时修磨。

1.5.2 钻孔的注意事项

一、切削用量的选择

钻孔切削用量是指钻头的切削速度 v_c、进给量 f 和切削深度 a_p 的总称。切削用量越大，单位时间内切除量越多，生产效率越高。但切削用量受到钻床功率、钻头强度、钻头耐用度、工件精度等许多因素的限制，不能任意提高。如图 1-92 所示。

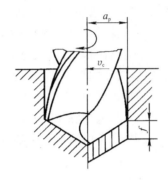

图 1-92 钻孔切削用量

切削速度 vc：指钻削时钻头切削刃上最大直径处的线速度，可由下式计算：

$$v_c = \pi D n / 1000 \quad \text{m/min}$$

式中 D——钻头直径，mm；

n——钻头转速，r/min。

钻头的允许切削速度 v_c：在用高速钢钻头钻铸铁工件时取 $v_c = 14 \sim 22$ m/min、钻钢工件时取 $v_c = 16 \sim 24$ m/min。例如在钢件（已知该钢件的抗拉强度 $\sigma_b = 700$ MPa）上钻 $\phi 10$ mm 的孔，钻头材料是高速钢，钻孔深度为 25mm，则应选用的钻头转速为：$n = 1000 v_c / \pi D = 1000 \times 19/3.14 \times 10 = 600$(r/min)

进给量 f：指主轴每转一转钻头对工件沿主轴轴线相对移动的距离，单位为 mm/r。

切削深度 a_p：指已加工表面与待加工表面之间的垂直距离，即一次走刀所能切下的金属层厚度，$a_p = D/2$，单位为 mm。

选择转速和进给量的方法为：

(1)用小钻头钻孔时，转速可快些，进给量要小些；

(2)用大钻头钻孔时，转速要慢些，进给量适当大些；

(3)钻硬材料时，转速要慢些，进给量要小些；

(4)钻软材料时，转速要快些，进给量要大些；

(5)用小钻头钻硬材料时可以适当地减慢速度。

(6)钻孔时手进给的压力是根据钻头的工作情况，以目测和感觉进行控制，在实习中应注意掌握。

钻通孔时在孔将被钻透时，进给量要减少，变自动进给为手动进给，避免钻头在钻穿的瞬间抖动,出现"啃刀"现象,影响加工质量,损坏钻头,甚至发生事故。钻盲孔(不通孔)时要注意掌握钻孔深度,以免将孔钻深出现质量事故。控制钻孔深度的方法有:调整好钻床上深度标尺挡块;放置控制长度量具或用粉笔作标记。

钻削时的冷却润滑:钻削钢件时,为降低粗糙度多使用机油作冷却润滑液(切削液);为提高生产效率则多使用乳化液。钻削铝件时,多用乳化液、煤油。钻削铸铁件则用煤油。

特别要求做到:

(1)钻孔前检查设备是否安全可靠,工件装夹是否牢固;

(2)在工作台上安装夹具或直接安装工件的时候,必须将台面的切屑、污垢擦净,否则夹具或工件不能放正;

(3)钻孔时,操作要集中注意力,钻孔要戴防护眼镜,以防钻屑飞出伤害眼睛;

(4)不准戴手套操作及使用棉纱头,袖口必须扎紧,以防钻头卷住手套而伤害手指;女同学必须戴工作帽;不能用手直接扶持小工件、薄工件,以免造成伤害事故。

(5)钻通孔时,工件下面应衬垫铁,防止损坏工作台,孔将钻穿时,要尽量减小进给力;

(6)钻床主轴换速、调换钻头和装拆工件时,必须停车后进行;

(7)清除切屑应用刷子刷,不可用手抹或用嘴吹,并且必须在停车后进行;

(8)头不准与旋转的主轴靠的太近,停车时应该让主轴自然停止,不可用手去刹住,也不可用反转制动。

二、标准麻花钻的刃磨及检验方法

(1)两手握法:用右手握住钻头的头部,左手握住柄部(图 1-93)。

(2)钻头与砂轮的相对位置:钻头的轴心线和砂轮圆柱母线在水平平面内的夹角等于钻头顶角 $2k_r$ 的一半,被刃磨部分的主切削刃处于水平位置(图 1-93(a))。

(3)刃磨动作:刃磨时右手使刃口接触砂轮,并使钻头绕自己的轴线由下而上地转动,同时施以适当的刃磨压力。左手配合右手作缓慢的同步向下摆动,所摆动的角度就是钻头的后角。为了保证钻头近中心处磨出较大的后角,还应作适当的右移运动。当刃磨完一条主切削刃后,再磨另一条主切削刃,要求两条主切削刃的 k_r 角一致,刃的长度也要一致(图 1-93(b))。

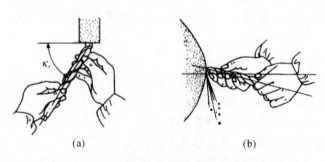

(a)　　　　　　　　　(b)

图 1-93　钻头刃磨时与砂轮的相对位置

(4)钻头冷却:钻头在刃磨时两手动作要配合协调、自然。所施加的压力不宜过大,并要经常蘸水冷却,防止因过热退火而降低硬度。

(5)刃磨检验:钻头刃磨后可根据钻头的几何角度及两主切削刃的对称性要求,利用检验样板进行检验(图 1-94)。

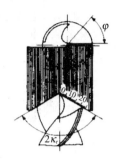

图 1-94 用样板检查刃磨角度

本单元的钻孔训练任务是按照 1.2 教师下发的作业任务书和要求,完成复形样板的钻孔任务并进行测评。

1.6 复形样板制作训练

复形样板制作训练共 6 学时,具体内容如表 1-12 所示。

表 1-12 复形样板制作训练

步骤	教学内容	教学方法	教学手段	学生活动	时间分配
教师示范,同学练习,阶段点评课,从中进行分析	对于复形样板的制作成形过程中,按照图纸尺寸要求,会使用量具进行加工质量检测,要求得到的复形样板的尺寸中至少 60% 以上达到图纸要求。	以小组为单位领取作业所需的工具和材料,安排好各小组的工位场地。	安排学生以小组为单位进行讨论,要求每个成员提出自己加工工艺。	个别回答	10 分钟
引入(任务五:复形样板制作训练)	集中学生进行作业任务书的细致讲解,提出具体考核目标和要求。	按照学习小组下发任务书,讲解,提出具体考核目标和要求。	教师参与各小组的讨论,提出指导性意见或建议。	小组讨论代表发言互相点评	30 分钟
操练	分析复形样板的零件图中的尺寸关系,画好线后,进行锯削,然后进行锉削,钻孔,光整。	安排各小组选派代表陈述本小组制定的制作思路,提出存在的问题。	要求各小组确定最终工艺方法。	学生模仿	60 分钟

续表

步骤	教学内容	教学方法	教学手段	学生活动	时间分配
深化（加深对基本能力的体会）	按照图纸要求，选择制作工具，进行制作。	各小组实施加工制作作业，教师进行安全监督及指导。	课件板书	学生实际操作个人操作小组操作集体操作	30 分钟
归纳（知识和能力）	各小组制作过程中经常进行测量，提出自己的见解。	要求各小组进行阶段总结和互评。	课件板书	小组讨论代表发言	30 分钟
训练巩固拓展检验	训练项目：复型样板制作	考察各小组作业完成的进度，观察各位学生的工作态度、劳动纪律、操作技能。	课件板书	个人操作小组操作集体操作	120 分钟
总结	各小组对制作结果进行总结、修改	教师讲授或提问	课件板书		18 分钟
作业	作业题、要求、完成时间。				2 分钟
后记					

指导学生按照任务书要求，进行复形样板的制作

按照 1.2 中的要求，教师组织同学在第五天完成复形样板的制作，每一名同学要完成：复形样板实物制作；第一周实训报告；同时进行自评、小组互评以及教师考评三个环节的教学实践。从中找到本周同学实训中存在的问题，便于在第二周实训中改进与提高。

第2章　钳工实训二　燕尾样板制作训练

2.1　钳工实训二说明

钳工实训二说明,如表 2-1 所示。

表 2-1　钳工实训二说明表

实训名称	实训二　燕尾样板制作训练(每个同学一组)	
实训内容描述	按照钳工中级工考核要求,进行燕尾样板制作,第二周要求要严格,主要完成任务,提交实物和实训报告,在实训技能方面要有明显提高。	
教学目标	1. 专业技能 　按照指定工作台,进行划线练习;进行锯削、錾削、锉削练习,熟练使用手锯和各种锉的使用方法; 　2. 方法能力 　按照发放产品零件图进行平面和立体划线,要求看懂图纸,明确基准,确保尺寸要求; 　按照图纸尺寸要求,将一个钢材平板锯出一个燕尾样板,对于锯削、錾削、锉削的注意事项进行体会与总结。 　3. 社会能力 　按照企业职场要求,进行安全生产,团队协作,对设备和量具正确维护和使用,每日完毕必须清理现场,做到卫生合格。	
贯穿实训过程中的知识要点	1. 能够进行燕尾样板的主体划线; 2. 能够按图样要求钻复杂工件上的小孔、斜孔、深孔、盲孔、多孔、相交孔; 3. 能够刃磨标准麻花钻; 4. 能够确保公差等级达到:锉削 IT8、钻孔 IT10; 5. 保证形位公差:锉削对称度 0.1mm,表面粗糙度锉削 $Ra3.2\mu m$,钻孔 $Ra6.3\mu m$。 6. 掌握模具钳工的基本操作技能。	
师资能力和数量要求	校内教师:	企业技术人员:
硬件条件	设备清单数量:	

续表

实训名称	实训二　燕尾样板制作训练（每个同学一组）
教学组织	1. 明确实训、取证考核任务和出勤、安全以及学习实训要求,使得同学们在实训过程中进行相关知识的学习; 2. 按照小组发放工具、量具,由组长负责保管; 3. 发放产品零件图; 4. 按照发放产品零件图进行平面和立体划线,要求看懂图纸,明确基准,确保尺寸要求; 5. 划线的注意事项进行体会与总结; 6. 按照图纸尺寸要求,将一个钢材平板锯出一个燕尾样板的锉削练习,同时进行第二周的阶段考核。
准备工作	1. 资料:燕尾样板零件图,4 份,每小组 1 份; 2. 软件:CAD; 3. 低值耐用品、工具:游标卡尺、直角尺、手锯、锉、划针、划线盘、划规、涂色料、样冲; 4. 消耗材料:45#钢,尺寸 75mm×65mm。
实施地点	
实训教学评价方式	每个同学提交燕尾样板实物、自评结果和实训报告
合作企业名称承担任务	合作企业名称: 承担任务:
备注	

2.2　燕尾样板成形过程中划线和量具使用训练

燕尾样板成形过程中划线和量具使用训练共 6 学时,具体内容如表 2-2 所示。

表 2-2　燕尾样板成形过程中划线和量具使用训练

步骤	教学内容	教学方法	教学手段	学生活动	时间分配
教师示范,同学练习,阶段点评课,从中进行分析	对于燕尾样板成形过程中,按照图纸尺寸要求,正确选择划线工具,留出加工余量,正确找到基准;特别是本单元重点对钳工常用量具的原理和使用有一个明显程度的提高。	以小组为单位领取作业所需的工具和材料,安排好各小组的工位场地。	安排学生以小组为单位进行讨论,要求每个成员提出自己加工工艺。	个别回答	10 分钟

续表

步骤	教学内容	教学方法	教学手段	学生活动	时间分配
引入（任务一：燕尾样板成形过程中划线的训练）	集中学生进行作业任务书的细致讲解，提出具体考核目标和要求。	按照学习小组下发任务书，讲解，提出具体考核目标和要求。	教师参与各小组的讨论，提出指导性意见或建议。	小组讨论代表发言互相点评	30 分钟
操练	分析燕尾样板的零件图中的尺寸关系，明确尺寸链的计算，明确公差；利用相关工量具进行测量、划线等。	安排各小组选派代表陈述本小组制定的划线思路，提出存在的问题。	要求各小组确定最终工艺方法。	学生模仿	60 分钟
深化（加深对基本能力的体会）	按照图纸要求，选择划线工具，进行划线。	各小组实施加工划线作业，教师进行安全监督及指导。	课件板书	学生实际操作个人操作小组操作集体操作	30 分钟
归纳（知识和能力）	各小组对图纸的尺寸所划的线，进行测量，提出自己的见解。	要求各小组进行阶段总结和互评。	课件板书	小组讨论代表发言	30 分钟
训练巩固拓展检验	训练项目：燕尾样板划线。	考察各小组作业完成的进度，观察各位学生的工作态度、劳动纪律、操作技能。	课件板书	个人操作小组操作集体操作	120 分钟
总结	各小组对划线结果进行总结、修改。	教师讲授或提问	课件板书		18 分钟
作业	作业题、要求、完成时间。				2 分钟
后记					

通过一周实训完成燕尾样板的制作，这个教学单元主要解决制作过程的划线问题并在划线技能方面有明显提高。

表 2-3　工作准备阶段

准备工作	1)资料:燕尾样板零件图,份,每小组 1 份; 2)软件:CAD 3)低值耐用品、工具:游标卡尺、直角尺、手锯、锉、划针、划线盘、划规、涂色料、样冲; 4)消耗材料:45#钢,尺寸 80mm×70mm×6mm。

一、燕尾样板制作要求

(1)公差等级:锉配 IT8、IT10

(2)形位公差:锉配对称度 0.10mm、钻孔对称度 0.25mm

(3)表面粗糙度:锉削 $Ra3.2\mu m$、铰孔 $Ra6.3\mu m$

(4)时间定额:240 分钟

(5)其他方面:配合间隙小于等于 0.04mm、错位量小于等于 0.06mm

二、图形及实训要求

(1)图形如图 2-0 所示。

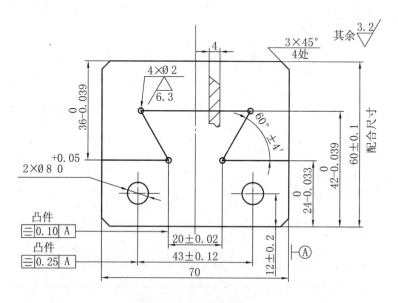

图 2-0　燕尾样板图

(2)按照学习小组为单位分发作业任务书;

(3)组织学生进行分组,可以自由组合也可以教师指定,每组指定小组长;

(4)教师集中进行作业任务书说明,对所需的知识进行讲解,对主要操作要领进行示范,提出安全和具体考核目标和要求;

（5）教师提供相应技术资料，也可以组织有关同学进行检索。

燕尾样板操作技能评分表，见表 2-4 所示。

表 2-4　燕尾样板操作技能评分表

序号	考核内容	考核要求	配分	评分标准	评分标准	扣分	得分
1	锉削	$42_{-0.039}^{0}$ mm	8	超差不得分			
2		$36_{-0.039}^{0}$ mm	8	超差不得分			
3		$24_{-0.033}^{0}$ mm	7	超差不得分			
4		$60°\pm4'$（2 处）	10	超差不得分			
5		20 ± 0.20mm	3	超差不得分			
6		表面粗糙度：$Ra3.2\mu m$（2 处）	2	升高一级不得分			
7		$\equiv$ | 0.00 | A	10	超差不得分			
8		配合间隙小于等于 0.04（5 处）	20	超差不得分			
9		错位量小于等于 0.06mm	10	超差不得分			
10		$2-\phi8_{0}^{+0.05}$	2	超差不得分			
11	铰孔	12 ± 0.20mm（2 处）	2	升高一级不得分			
12		4320 ± 0.12mm	2	超差不得分			
13		表面粗糙度：$Ra6.3\mu m$（2 处）	3	超差不得分			
14		$\equiv$ | 0.50 | A	3	超差不得分			

评分人：　　　　　年　　　月　　　日　　　　核分人：　　　　　年　　　月　　　日

2.2.1　划线

教学目标：指导学生了解划线的相关知识，掌握划线的相关工作要领。

一、划线的作用

（1）确定工件上各加工面的加工位置和加工余量，使加工有明确尺寸界线。

（2）便于复杂工件在机床上装夹，可按划线找正定位。

（3）能够及时发现和处理不合格的毛坯，避免加工后造成损失。

（4）当在坯料上出现某些缺陷的情况下，采用借料划线可使误差不大的毛坯得到补救，提高毛坯的利用率。

划线的准确与否，将直接影响产品的质量和生产效率的高低。划线除要求划出的线条清晰均匀外，最重要的是要保证尺寸准确。由于划线时，划线精度一般为 0.25—0.50mm，因此，在加工过程中，必须通过测量来保证尺寸的准确度。

二、划线基准的选择

基准是用来确定生产对象上各几何要素的尺寸大小和位置关系所依据的一些点、线、面。设计时，在图样上所选定的用来确定其他点、线、面位置的基准，称为设计基准。划线时，在工件上所选定的用来确定其他点、线、面位置的基准，称为划线基准。

划线应从划线基准开始。划线基准选择的基本原则是应尽可能使划线基准与设计基准相一致，这样，可以避免相应的尺寸换算，减少加工过程中的基准不重合造成的误差。划线时，在工件的每一个方向都需要选择一个划线基准，平面划线一般选择两个划线基准；立体划线一般选择三个划线基准。

三、常用划线方法实例

常用划线方法见表 2-5。

表 2-5　常用划线方法

划线要求	划线方法	划线结果
等分直线 AB 为五等份（或若干等份）	1. 做线段 AC 与已知直线 AB 成一夹角，比如成 $20°\sim40°$ 角度； 2. 由 A 点起在 AC 直线上，用圆规任意截取一段比如 A，然后以此长度，顺序在 AC 线上，截取至 b、c、d、e； 3. 连接 Be，过 d、c、b、a 分别作 Be 的平行线，各线在 AB 上的交点 d'、c'、b'、a' 即为五等分点。	
作与 AB 直线距离为 R 的平行线	1. 在已知直线 AB 上任意取两点 a、b； 2. 分别以 a、b 为圆心，R 为半径，在同侧画圆弧； 3. 作两圆弧的公切线，即为所求的平行线。	
过线外一点 P，作线段 AB 的平行线	1. 在线段 AB 段内任取一点 O； 2. 以 O 为圆心，OP 为半径作圆弧，交 AB 线于 a、b； 3. 以 b 为圆心，aP 长为半径在圆弧，交圆弧 ab 于 c； 4. 连接 Pc，即为所求平行线。	

续表

划线要求	划线方法	划线结果
求作 30°的角度	1. 以直角的顶点 O 为圆心,任意长为半径作圆弧,与直角边 OA、OB 交于 a、b; 2. 以 Oa 为半径,分别以 a、b 为圆心作圆弧,交圆弧 ab 于 c、d 两点; 3. 连接 Oc、Od,则 $\angle boc$、$\angle cod$、$\angle dOa$ 均为 30°; 4. 用等分角度的方法,亦可作出 15°、45°、60°、75° 及 120° 的角。	

2.2.2　钳工常用量具

教学目标:指导学生了解钳工常用量具及其使用。

在生产中,为保证零件的加工质量,要对加工出来的零件按照要求进行表面粗糙度、尺寸精度、形状精度、位置精度进行测量,所使用的工具为量具。

钳工在制作零件、检修设备、安装调试等工作中,均需要用量具检测加工质量是否合乎要求。所以熟悉量具的结构、性能及其使用方法,是技术人员确保产品质量的一项重要技能。

一、钳工常用的量具有哪些

用来测量、检验零件及产品和形状的工具叫作量具。常用量具有:游标卡尺、千分尺、百分表、直角尺、厚薄尺、万能角度尺等。1ft(英尺)＝12in(英寸),1in(英寸)＝25.4mm。

量具的种类很多,根据其用途和特点不同,可以分为:

1. 万能量具

这类量具一般都有刻度,在其测量范围内可以直接测出零件和产品形状及尺寸的具体数值。如游标卡尺、千分尺、百分表和万能角度尺等。

2. 专用量具

这类量具不能测量出实际尺寸,只能测定零件和产品的形状、尺寸是否合格,如卡规、塞规等。

3. 标准量块

这类量具只能制成某一固定尺寸,通常用来校对和调整其他量具,也可以作为标准与被测量件进行比较,如量块、角度量块。

二、主要万能量具

1. 游标卡尺

游标卡尺是一种中等精密的通用量具,可以直接测量工件的内径、外径、宽度、长度、厚度、深度及中心距等。

(1)游标卡尺的结构和用法

普通游标卡尺的结构如图 2-1 所示。其作用见表 2-2。

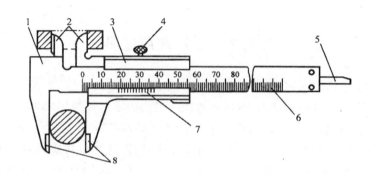

1-尺身;2-内测量爪;3-尺框;4-紧固螺钉;5-深度尺;

6-主尺;7-游标尺;8-外测量爪

图 2-1　普通游标卡尺结构

(2)游标卡尺的精度

分度值是仪器所标示的最小分度单位。分度值的大小反映仪器的精密程度,也称精度。游标卡尺常用的精度有 0.02mm、0.05mm、0.10mm 三种,原因在于游标的尺度差异所致。如图 2-2 所示。

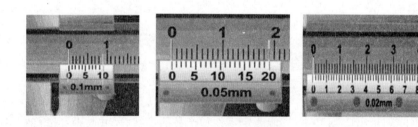

图 2-2　普通游标卡尺精度

(3)游标卡尺的刻线原理和读数方法

1)10 分度游标卡尺度数原理

这种游标卡尺,主尺上每一小格为 lmm,游标尺上有 10 个小的等分刻度,他们的总长等于 9mm,游标尺上每一小格为 0.9mm(即游标尺将主尺上 9mm 分成 10 等份),因此游标尺的每一分度都比正常的 1mm 小 0.1mm。左右测量爪合在一起时,游标尺的零刻度与主尺的零刻度重合时,只有游标尺的第 10 刻度线与主尺的 9mm 刻度线重合,其余的刻度线都不重合。这种游标卡尺可以精确到 0.1mm,10 分度卡尺读数的末位(10～1mm)可以是 0～9 中的数字;如图 2-3 所示。

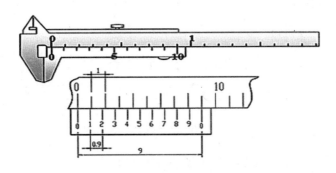

图 2-3   10 分度游标卡尺度数原理

表 2-6   游标卡尺主要结构件和作用

结构件名称	主要作用
主尺	是一般常用的毫米刻度尺。
游标尺	可以在主尺上左右移动; 不同种类的游标尺上的刻度线的条数不同,我们就是通过游标尺来精确读数的。
外测量爪	是用来测量物体的长度、管的外径、管壁的厚度等的尺寸的; 用法是将物体夹在两个外测量爪之间加紧。
内测量爪	是用来测量管的内径、槽的内部的宽度等的尺寸的; 用法是将物体卡在两个内测量爪外,把游标尺尽量向外拉紧。
深度尺	是用来测量管、槽的深度等的尺寸的; 用法是将深度尺插入管、槽内,直到不能再往里插为止。
紧固螺钉	固定游标卡尺用,方便读数; 用法是测量完物体之后,把它拧紧,把物体从游标卡尺上取下,这样游标卡尺在主尺上就不会动了。

2)20 分度的游标卡尺度数原理

这种游标卡尺,主尺上每一小格为 1mm,游标尺上有 20 个小的等份刻度,他们的总长等于 19mm,游标尺上每一小格为 0.95mm(即游标尺将主尺上 19mm 分成 20 等份),因此游标尺的每一分度都比正常的 1mm 小 0.05mm。左右测量爪合在一起时,游标尺的零刻度与主尺的零刻度重合时,只有游标尺的第 20 刻度线与主尺的 19mm 刻度线重合,其余的刻度线都不重合。这种游标卡尺可以精确到 0.05mm,20 分度卡尺读数的末位(10～2mm)只能是 0 或 5;如图 2-4 所示。

3)50 分度游标卡尺读数原理

这种游标卡尺,主尺上每一小格为 1mm,游标尺上有 50 个小的等分刻度,他们的总长

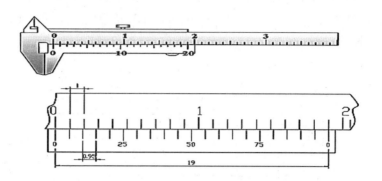

图 2-4   20 分度游标卡尺度数原理

等于 49mm,游标尺上每一小格为 0.98mm(即游标尺将主尺上 49mm 分成 50 等份),因此游标尺的每一分度都比正常的 1mm 小 0.02mm。左右测量卡爪合在一起时,游标尺的零刻度与主尺的零刻度重合时,只有游标尺的第 50 刻度线与主尺的 49mm 刻度线重合,其余的刻度线都不重合。这种游标卡尺可以精确到 0.02mm,50 分度卡尺读数的末位(10~2mm)可以是 0、2、4、6、8 中的数字。如图 2-5 所示。

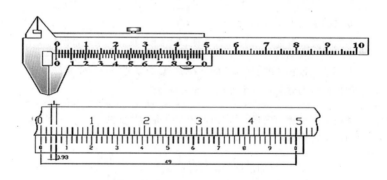

图 2-5   50 分度游标卡尺度数原理

4)游标卡尺的读数方法

在主尺上读出整毫米数。即找出游标尺零刻线左边的主尺上最大毫米数(包括零)。

在游标尺上读出小于 1mm 的读数。即找出游标尺上与主尺对齐的那根刻线,乘以读数精度值。有些游标尺刻线的读数标记已考虑到读数的精度值,可以直接读出(如 0.10、0.20 等)。

将主、游标尺的读数相加,即为被量测尺寸的完整读数。

读数时可以记成:三看两读。

三看:①看游标尺(看游标尺的分度,明确其精度的大小);

②看游标尺的"0"刻度线(为了读主尺的整数部分);

③看主尺与游标尺对齐的线(为了读游标尺的小数部分)。

两读:读主尺的整数部分、游标尺的小数部分。

如图 2-6 所示是三种游标卡尺测量的结果。

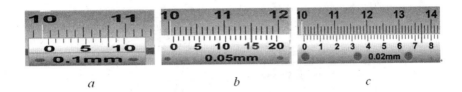

$$Y_a = 100\text{mm} + 8 \times 0.1\text{mm} = 100.8\text{mm}$$

$$Y_b = 100\text{mm} + 15 \times 0.05\text{mm} = 100.75\text{mm}$$

$$Y_c = 100\text{mm} + 37 \times 0.02\text{mm} = 100.74\text{mm}$$

图 2-6　三种游标卡尺测量实例

(4)游标卡尺测量规则

测量尺寸时,应按零件的尺寸大小和测量精度要求来选用游标卡尺。

卡尺使用前应擦净量爪,并将两量爪合拢,检查这时主、游标尺零刻线是否重合,若不重合,则在以后测量中应根据这个起始误差修正各读数。

用游标卡尺测量时,应使量爪逐渐靠近零件表面,最后达到轻微接触,以防量爪变形或磨损,从而影响测量精度。

读数时要正视尺身与游标对准的刻线,不要造成斜视误差,测量同一个点有 2～3 个接近的数值时,应取算术平均值作为测量结果。

量具使用完毕后必须揩净上油,妥善保管。

使用游标卡尺时的注意事项:

1)游标卡尺必须经检定合格后方可使用;

2)测量前检查游标卡尺。应将量爪间的脏物、灰尘和油污等擦干净;

3)工件的被测表面也应擦干净,并检查表面有无毛刺、损伤等缺陷,以免刮伤游标卡尺的量爪和刀口,影响测量结果;

4)使用游标卡尺前,首先应检查主尺与游标的零线是否对齐,并采用透光法检查内、外尺角量面是否贴合,如果透光不均,说明卡脚量面有磨损,这样的游标卡尺不能测量出精确的尺寸;

5)测量时,用左手拿零件,右手拿卡尺进行测量,对比较长的零件要多测几个位置;

6)游标卡尺不能在工件转动或移动时进行测量,否则容易使量具磨损,甚至发生事故;

7)不能用游标卡尺去测量铸锻件等毛坯尺寸,因为这样容易使量具很快磨损而失去精度。

(5)游标卡尺测量实训

测量外尺寸:测量外尺寸时,外量爪应张开到略大于被测尺寸,以固定量爪贴住工件,用轻微压力把活动量爪推向工件,卡尺测量面的连线应垂直于被测量表面,不能偏斜。如图 2-7 所示。

测量内尺寸:测量内尺寸时,内量爪开度应略小于被测尺寸。测量时两量爪应在孔的直径上,不得倾斜。如图 2-8 所示。

测量中心距:边心距 L_1 的测量:先测量 D_1 孔径,再测量 D_1 孔壁到基准 A 的距离 H,计算得 $L_1 = H + D_1/2$。中心距 L_2 的测量:先测量 D_1、D_2 孔径,再用内量爪测量两孔壁之

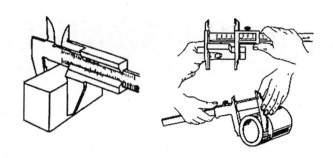

图 2-7　游标卡尺测量外尺寸

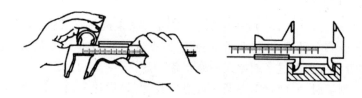

图 2-8　游标卡尺测量内尺寸

间的远端距离 M,计算得 $L_2=M-(D_1+D_2)/2$(或者用外量爪测量两孔壁之间的近端距离 N,计算得 $L_2=N+(D_1+D_2)/2$,如图 2-9 所示。

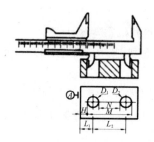

图 2-9　游标卡尺测量中心距

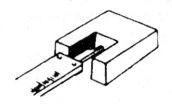

图 2-10　游标卡尺测量深度

　　测量深度:测量孔深或高度时,应使深度尺的测量面紧贴孔底,游标卡尺的端面与被测件的表面接触,且深度尺要垂直,不可倾斜。如图 2-10 所示。

　　(6)其他游标卡尺

　　电子数显卡尺:是一种测量简便、精确度高且使用方便的量具。它需要一块 1.5 V 的电池,可在测量范围内任意调零,其读数值精度为 0.01mm,测量范围为 0~150mm,使用方法和普通卡尺一样,可直接读出测量值。如图 2-11 所示。

　　深度游标卡尺:深度游标卡尺由主尺、游标与底座(两者为一体)组成,它主要用来测量凹槽的深度、台阶的高度等。其精度分为 0.05mm、0.02mm 两种,测量范围为 0~150mm、0~250mm、0~300mm 等多种。如图 2-12 所示。

　　高度游标卡尺:高度游标卡尺俗称高度尺,常用来测量工件的高度尺寸或用于精密划

图 2-11　电子数显游标卡尺

图 2-12　深度游标卡尺

线。主要由主尺、游标、底座、划线爪、测量爪和固定螺钉等组成,它们都装在底座上(底座下面为工作平面)。测量爪有两个测量面:下测量面为平面,用来测量高度;上测量面为弧形,用来测量曲面高度。当用高度游标卡尺划线时,必须装上专用的划线爪。如图 2-13 所示。

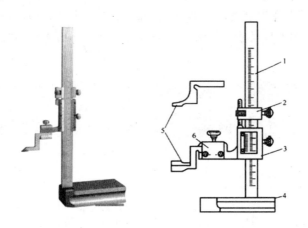

1-主尺;2-微调部分;3-副尺;4-底座;5-划线爪与测量爪;6-固定架

图 2-13　高度游标卡尺

2. 千分尺

测微螺旋量具是利用螺旋副的运动原理进行测量和读数的一种测微量具,测微螺旋量具又称为千分尺,千分尺是测量中最常用的精密量具之一,它的精度比游标卡尺高,按用途分内径千分尺、外径千分尺、深度千分尺及专用的测量螺纹中径尺寸的螺纹千分尺和测量齿轮公法线长度的公法线千分尺,千分尺的测量精度为 0.01mm。

外径千分尺是生产中常用的测量工具,主要用来测量工件的外尺寸如长、宽、厚及外径尺寸,它的测量精度为 0.01mm,其测量范围以每 25mm 为单位进行分档。常用外径千分尺的规格有 0~25mm、25~50mm、50~75mm、75~100mm 及 100~125mm 等。

(1)外径千分尺结构:如图 2-14 所示。

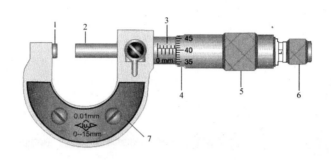

1-测砧;2-测微螺杆;3-固定套筒;4-微分筒;5-旋钮;6-微调旋钮;7-框架

图 2-14　外径千分尺结构

(2)外径千分尺测量原理:测微螺杆上螺纹的螺距为 0.5mm,当微分筒转动一周时,测微螺杆就轴向移动 0.5mm,固定套筒上刻有间隙为 0.5mm 的刻度线,微分筒圆周上均匀刻有 50 格。因此,当微分筒每转一格时,测微螺杆就移动 0.5/50＝0.01mm,即精度为 0.01mm。

(3)外径千分尺的读数方法:先读出固定套管上露出来的刻线的整数毫米及半毫米数。再看微分筒哪一刻线与固定套管的基准线对齐,读出不足半毫米的小数部分。最后将两次读数相加,即为工件的测量尺寸。如图 2-15 所示是四个用千分尺测量的结果。

$$Y_a＝4.5＋12.6×0.01＝4.5＋0.126＝4.626mm$$
$$Y_b＝2.5＋32.1×0.01＝2.5＋0.321＝2.821mm$$
$$Y_c＝1.5＋20.4×0.01＝1.5＋0.204＝1.704mm$$
$$Y_d＝5.0＋33.6×0.01＝5.5＋0.336＝5.336mm$$

图 2-15　外径千分尺测量结果实例

(4)千分尺的使用方法及注意事项

根据被测工件的特点、尺寸大小和精度要求选用合适的类型、测量范围和分度值,一般测量范围为 25mm,如要测量 20±0.03 的尺寸,可选用 0~25mm 的千分尺。

测量前,先将千分尺的两测头擦拭干净再进行零位校对。

测量时,被测工件与千分尺要对正,以保证测量位置准确。使用千分尺时,先调节微分筒,使其开度稍大于所测尺寸,测量时可先转动微分筒,当测微螺杆即将接触工件表面时,再转动棘轮,测砧、测微螺杆端面与被测工件表面即将接触时,应旋转测力装置,听到"吱吱"声即停,不能再旋转微分筒。

读数时,要正对刻线,看准对齐的刻线,正确读数;特别注意观察固定套管上中线之下的刻线位置,防止误读 0.5mm。

严禁在工件的毛坯面、运动工件或温度较高的工件上进行测量,以防损伤千分尺的精度和影响测量精度。

使用完毕擦净上油,放入专业盒内,置于干燥处。

(5)内径千分尺:可用于测量 $\phi 5 \sim 30$mm 的孔径,分度值 0.01mm。这种千分尺的刻线与外径千分尺相反,顺时针旋转微分筒时,活动爪向右移动,测量值增大。由于结构设计方面的原因,其测量精度低于其他类型的千分尺。如图 2-16 所示。

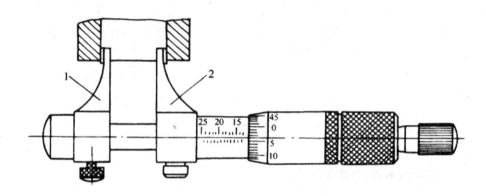

图 2-16　内径千分尺测量方法

3. 百分表

百分表是一种指示式量仪,主要用来测量工件的尺寸、形状和位置误差,也可用于检验机床的几何精度或调整工件的装夹位置偏差。百分表的测量范围一般有 $0 \sim 3$mm,$0 \sim 5$mm 和 $0 \sim 10$mm 3 种。按制造精度不同,百分表可分为 0 级、1 级和 2 级。

百分表的结构如图 2-17 所示,主要由测头、量杆、大小齿轮、指针、表盘、表圈等组成。

百分表的刻线原理与读数:百分表量杆上的齿距是 0.625mm。当量杆上升 16 齿时(即上升 $0.625 \times 16 = 10$mm),16 齿的小齿轮正好转 1 周,与其同轴的 100 齿的大齿轮也转 1 周,从而带动齿数为 10 的小齿轮和长指针转 10 周。即当量杆上移动 1mm 时,长指针转 1 周。

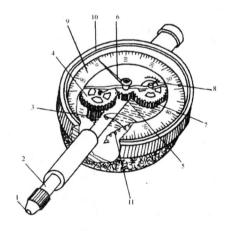

1-测头;2-量杆;3-小齿轮(16 齿);
4(7)-大齿轮(100 齿);9-表盘,10-表圈;
6(8)-大小指针;5-传动齿轮;11-拉簧
图 2-17　百分表的结构

由于表盘上共等分 100 格,所以长指针每转 1 格,表示量杆移动 0.01mm。故百分表的测量精度为 0.01mm。测量时,量杆被推向管内,量杆移动的距离等于小指针的读数(测出的整数部分)加上大指针的读数(测出的小数部分)。

使用注意事项:测量时,测量杆移动 1mm,大指针正好回转一圈,在百分表的表盘上沿圆周刻有 100 等分格,其刻度值为 1/100=0.01mm。测量时,大指针转过 1 格刻度,表示零件尺寸变化 0.01mm。应注意测量杆要有 0.3~1mm 的预压缩量,以保持一定的初始测力,以免负偏差测不出来。如图 2-18 所示。

图 2-18　百分表实物

4. 万能游标量角器(万能角度尺)

万能游标量角器可以用来测量零件和样板等的内外角度的量具,按照游标的测量精度分为标准分度值有 2′ 和 5′ 两种,测量范围为 0°~320°。现在仅介绍测量精度为 2′ 的万能游标量角器。

(1)万能游标量角器的结构:如图 2-19 所示。

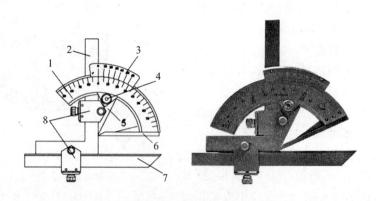

1-尺身;2-直角尺;3-游标;4-制动器;5-扇形板;6-基尺;7-直尺;8-夹块

图 2-19　万能游标量角器的结构

(2)万能游标量角器的刻线原理及读数

刻线原理：万能游标量角器的尺身刻线每格 1°，游标刻线将对应于尺身 29 的弧长等分为 30 格，则游标上每格度数＝29/30＝58′，扇形板与游标每格相差 1°－58′＝2′，即游标刻线每格为 2′。如图 2-20 所示。

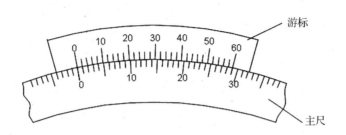

图 2-20　万能游标量角器的刻度原理

读数原理：万能游标量角器的读数原理与游标卡尺相似，即先从尺身上读出游标零刻度线指示的整度数，再判断游标上的第几格的刻线与尺身上的刻线对齐，就能确定角度"分"的数值，然后把两者相加，就是被测角度的数值。以下是两个测量以后的结果如图 2-21 所示。

(3)万能游标量角器的调节：前面提到该量具可以进行 0°～320° 范围的测量，而在图 2-19 中我们看到，表面上该尺没有那么大的量程，那么是如何做到的？实际上是通过组合完成的。如图 2-22 所示。

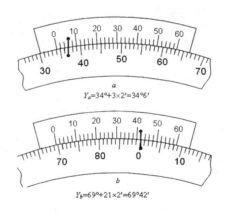

$Y_a=34°+3\times2'=34°6'$

$Y_b=69°+21\times2'=69°42'$

图 2-21　万能游标量角器的测量实例

测量 0°～50° 范围：由直尺＋直角尺＋尺身进行组合；

测量 50°～140° 范围：由直尺＋尺身进行组合；

测量 140°～230° 范围：由角尺＋尺身进行组合；

测量 230°～320° 范围：由尺身本身进行调节。

(4)万能游标量角器的测量：如图 2-23 所示。

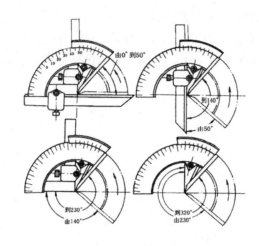

图 2-22　万能游标量角器的测量范围

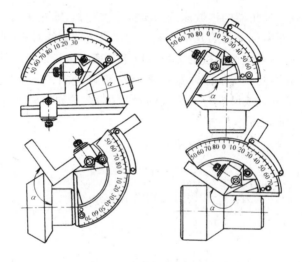

图 2-23　万能游标量角器的测量锥度

三、主要专用量具

这类量具不能测量出实际尺寸,只能测定零件和产品的形状、尺寸是否合格,如卡规、塞规等

1. 卡规

卡规是用来检验轴类工件外圆尺寸的量规。它有两个测量面:大端尺寸按轴的最大极限尺寸制作,在测量时应通过轴颈,称为通规;小端尺寸按轴的最小极限尺寸制作,在测量时不通过轴颈,称为止规。

用卡规检验轴类工件时,如果通规能通过且止规不能通过,说明该工件的尺寸在允许的公差范围内,是合格的。二者缺一不可,否则,即是不合格。如图 2-24 所示。

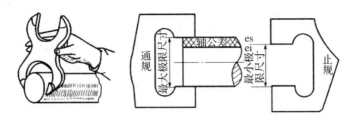

图 2-24　卡规的测量

2. 塞规

塞规是用来检验工件内径尺寸的量具。它有两个测量面:小端尺寸按工件内径的最小极限尺寸制作,在测量内孔时应能通过,称为通规;大端尺寸按工件内径的最大极限尺寸制作,在测量内孔时不通过工件,称为止规。用塞规检验工件时,如果通规能通过且止规不能通过,说明该工件合格。二者缺一不可,否则,即是不合格。如图 2-25 所示。

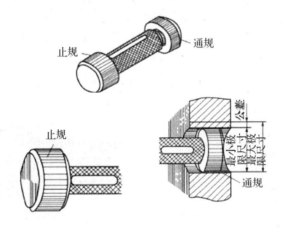

图 2-25　塞规的测量

使用塞规时,应可能使塞规温度与被测工件温度一致,不要在工件还未冷却到室温时就去测量。测量内孔时,不可硬塞强行通过,一般靠自身重力自由通过,测量时塞规轴线应与孔轴线一致,不可歪斜。

3. 塞尺

塞尺也称厚薄规,是一种用于测量两表面间隙的薄片式量具。它由一组厚度尺寸不同的弹性薄片组成,其测量范围有 0.02~0.1mm 和 0.1~1mm 两种。前者每隔 0.01mm 一片,后者每隔 0.05mm 一片。它有两个平行的测量平面,其长度有 50mm、100mm、200mm 等多种。

使用塞尺时,应根据被测两平面间隙的大小,先选用较薄的一片插入被测间隙内,若仍有间隙,则选择较厚的依次插入,直至恰好塞进而不松不紧,则该片塞尺的厚度即为被测间隙的大小。若没有所需厚度的塞尺,可选取若干片塞尺相叠代用,被测间隙即为各片塞尺厚度之和,但这种方法测量误差较大。如图 2-26 所示。

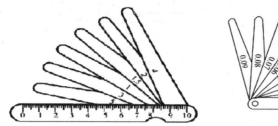

图 2-26　塞尺

四、主要标准量块

这类量具只能制成某一固定尺寸,通常用来校对和调整其他量具,也可以作为标准与被测量件进行比较,如量块、角度量块。

量块是机械制造中长度尺寸的标准。量块可对量具和量仪进行校正,也可以用于精密划线和精密机床的调整,若量块和附件并用,还可以测量某些精度要求高的工件尺寸。其精度等级分为 0 级、1 级、2 级和 3 级。量块一般都做成多块一套,装在特制的木盒内。常用的有 83 块一套、46 块一套、10 块一套和 5 块一套等多种。如图 2-27 所示。

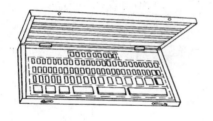 

图 2-27　量块

量块用铬锰钢等特殊合金钢或线膨胀系数小、性质稳定、耐磨以及不易变形的其他材料制成。其形状有长方体和圆柱体两种,常用的是长方体,它有两个工作面和四个非工作面,工作面是一对平行且平面度误差极小的平面,工作面又称测量面。如图 2-28 所示。

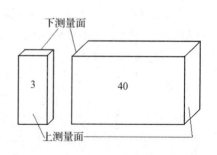

图 2-28　量块的构成

使用方法:

为了工作方便和减少测量积累误差,应尽量选最少的块数。83 块一套的量块,选用一般不超过四块;46 块一套的量块,选用一般不超过五块。

计算时,第一块应根据组合尺寸的最后一位数字选取,以后各块以此类推。例如,所要测量的尺寸为 48.245mm(组合尺寸),从 83 块一套的盒中选取:1.005mm、1.24mm、6mm、40mm 四块,则(1.005+1.24+6+40=48.245mm)。

套别	总块数	级别	尺寸系列/mm	间隔/mm	块数
1	91	00,0,1	0.5		1
			1		1
			1.001,1.002,…,1.009	0.001	9
			1.01,1.02,…,1.49	0.01	49
			1.5,1.6,…,1.9	0.1	5
			2.0,2.5,…,9	0.5	16
			10,20,…,100	10	10
2	83	00,0,1,2,(3)	0.5		1
			1		1
			1.005		1
			1.01,1.02,…,1.49	0.01	49
			1.5,1.6,…,1.9	0.1	5
			2.0,2.5,…,9.5	0.5	16
			10,20,…,100	10	10
3	46	0,1,2	1		1
			1.001,1.002,…,1.009	0.001	9
			1.01,1.02,…,1.09	0.01	9
			1.1,1.2,…,1.9	0.1	9
			2,3,…,9	0.5	8
			10,20,…,100	10	10

计算如下:

28.935

−1.005·················· 第一块量块尺寸为 1.005mm

27.93

−1.43·················· 第二块量块尺寸为 1.43mm

26.5

−6.5·················· 第三块量块尺寸为 6.5mm

20

−20·················· 第四块量块尺寸为 20mm

0

以上四块量块研合后的整体尺寸为 28.935mm

利用量块附件和量块调整尺寸,测量外径、内径和高度的方法如下图 2-29 所示。为了保持量块的精度,延长其使用寿命,一般不允许用量块直接测量工件。

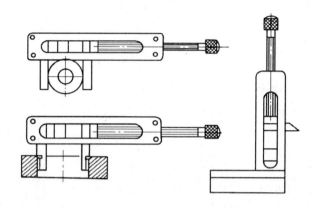

图 2-29　量块附件使用方法

五、量具的使用与保养应注意以下事项

(1)不要用油石、砂纸等硬物去刮擦量具的测量面和刻度部分,若使用过程中发生故障,应及时交修理人员进行检修。

(2)不要用手去抓摸量具的测量面和刻度线部分,以免生锈,影响测量精度。

(3)不可将量具放在磁场附近,以免量具产生磁化。

(4)严禁将量具当作其他工具使用。

(5)量具用完后立即仔细擦净上油,有工具盒的要放进原工具盒中。

(6)各种精密量具暂时不用应及时交回工具室保管。

(7)精密量具不可测量温度过高的工件。

(8)量具在使用过程中,不要和工具、刀具放在一起,以免碰坏。

(9)粗糙毛坯和生锈工件不可用精密量具进行测量,如非测量不可,可将被测部位清理干净,去除锈蚀后再进行测量。

(10)一切量具严防受潮、生锈,均应放在通风干燥的地方。

本单元的训练任务是按照 2.2 教师下发的作业任务书和要求,完成燕尾样板的划线和尺寸测量,对完成的结果进行质量评估,找出同学们实训过程中存在的问题,以便在后面的实训中尽快提高技能和知识水平。

2.3　燕尾样板成形过程中锯削的训练

燕尾样板成形过程中锯削的训练共 6 学时,具体内容如表 2-7 所示。

表 2-7　燕尾样板成形过程中锯削的训练

步骤	教学内容	教学方法	教学手段	学生活动	时间分配
教师示范,同学练习,阶段点评课,从中进行分析	对于燕尾样板成形过程中,按照图纸尺寸要求,会安装锯条,锯削姿势正确,锯削技能达到比较熟练的程度,要求得到复形样板的尺寸中至少70%以上达到图纸要求。	以小组为单位领取作业所需的工具和材料,安排好各小组的工位场地。	安排学生以小组为单位进行讨论,要求每个成员提出自己加工工艺。	个别回答	10分钟
引入(任务二:燕尾样板成形过程中锯削的训练)	集中学生进行作业任务书的细致讲解,提出具体考核目标和要求。	按照学习小组下发任务书,讲解,提出具体考核目标和要求。	教师参与各小组的讨论,提出指导性意见或建议。	小组讨论 代表发言 互相点评	30分钟
操练	分析燕尾样板的零件图中的尺寸关系,画好线后,进行锯削。	安排各小组选派代表陈述本小组制定的锯削思路,提出存在的问题。	要求各小组确定最终工艺方法。	学生模仿	60分钟
深化(加深对基本能力的体会)	按照图纸要求,选择锯削工具,进行锯削。	各小组实施加工锯削作业,教师进行安全监督及指导。	课件 板书	学生实际操作 个人操作 小组操作 集体操作	30分钟
归纳(知识和能力)	各小组锯削过程中经常进行测量,提出自己的见解。	要求各小组进行阶段总结和互评。	课件 板书	小组讨论 代表发言	30分钟
训练 巩固 拓展 检验	训练项目:燕尾样板锯削。	考察各小组作业完成的进度,观察各位学生的工作态度、劳动纪律、操作技能。	课件 板书	个人操作 小组操作 集体操作	120分钟
总结	各小组对锯削结果进行总结、修改。	教师讲授或提问	课件 板书		18分钟
作业	作业题、要求、完成时间。				2分钟
后记					

通过一周实训完成燕尾样板的制作,这个教学单元主要解决制作过程的锯削问题以及技能的进一步提高。

锯削加工方法及安全操作:

1. 锯削加工方法

(1)扁钢的锯削:在扁钢锯口处划一周圈线,分别从宽面的两端锯下,两锯缝将要结接时,轻轻敲击使之断裂分离。这样锯削效率高,而且能较好地防止锯齿崩缺。反之若从窄面下锯,非但不经济,而且只有很少的锯齿与工件接触,工件越薄,锯齿越容易被工件的棱边钩住而折断。如图 2-30 所示。

(2)槽钢的锯削:槽钢的锯削与扁钢一样,但是要分三次从宽边面往下锯,不能在一个面上往下锯,应尽量做到在长的锯缝口上起锯,因此工件必须多次改变夹持的位置。操作程序如图 2-31(a),先在宽面上锯槽钢的一边;如图 2-31(b),把槽钢反转夹持,锯中间部分的宽面;如图 2-31(c),再把槽钢侧转夹持,锯槽钢的另一边的宽面。如图 2-31(d)所示锯削方法是错误的,把槽钢只夹持一次锯开,这样的锯削效率低,在锯高而狭窄的中间部分时,锯齿容易折断,锯缝也不平整。

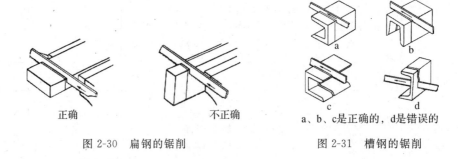

正确　　　　　　　　不正确　　　　　　a、b、c是正确的,d是错误的

图 2-30　扁钢的锯削　　　　　　图 2-31　槽钢的锯削

(3)管材的锯削:选用细齿锯条,当管壁锯透后随即将管子沿着推锯方向转动一个适当角度,再继续锯割,依次转动,直至将管子锯断。锯割时管子必须夹正。对于薄壁管子和精加工过的管子,应夹在有 V 形槽木衬垫之间。注意:锯削管材时,不能从一个方向锯到底,因为锯条穿过圆管内壁后,锯齿即在薄壁上切削,由于受力集中,很容易被管壁钩住而折断。如图 2-32 所示。

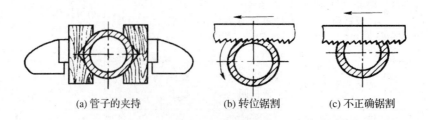

(a) 管子的夹持　　　　　(b) 转位锯割　　　　　(c) 不正确锯割

图 2-32　管材的锯削

(4)薄板:锯削时尽可能从宽面锯下去,若必须从窄面锯下时,可用两块木垫夹持,连木块一起锯下,也可把薄板直接夹在虎钳上,用手锯作横向斜推锯,使锯齿与薄板料接触的齿数增加,避免锯齿崩裂。如图 2-33 所示。

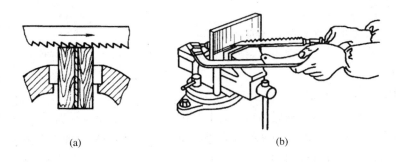

(a)   (b)

图 2-33 薄板的锯削

(5)深缝:锯削深缝时即当锯缝的深度超过锯弓高度时,先垂直锯如图 2-34(a)所示,当锯缝的高度达到锯弓高度时,锯弓就会与工具相碰,无法继续锯削;此时应将锯条拆出,将锯条转 90°重新装夹,按照原锯路继续锯削如图 2-34(b)所示;当锯弓高度仍不够时,将锯条转 180°重新装夹,按照原锯路继续锯削如图 2-34(c)所示。

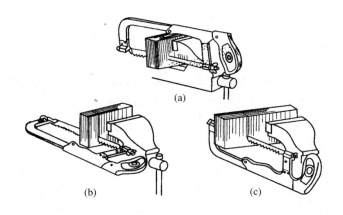

(a)

(b)   (c)

图 2-34 深缝的锯削

2. 锯割的注意事项

(1)锯条的松紧要合适,且锯割时压力不能太大,以防折断伤人;

(2)当锯缝歪斜时,不可急于纠正,而需要慢慢地逐步纠正;

(3)锯条没装在锯弓上不能进行锯割,以防折断和锯齿刺伤手;

(4)锯削时间过长时要加冷却液;

(5)手不要直接和锯条接触;

(6)取出锯条时要在运动中往上提;

(7)不要将工件直接锯断,以免砸脚。

本单元的训练任务有两个,一是按照2.2教师下发的作业任务书和要求,完成燕尾样板的锯削并确保达到教学设计要求;二是完成下列训练任务:

训练任务:锯削如图所示的四方铁,材料是铸铁。

3. 操作步骤

(1)按照图纸尺寸要求划出锯削加工线;

(2)将四方铁块装夹在台虎钳上,使锯削线超出钳口20mm左右,并保证锯削线所在的平面沿铅垂方向;

(3)选用粗齿锯条,并正确安装在锯弓上;

(4)用手锯沿锯削线连续锯到结束,达到尺寸54mm±0.8mm,平面度误差为0.8mm的要求;并用钢尺根据光隙判断或用塞尺配合进行检查,从而保证锯痕整齐美观;

(5)去毛刺,自己检查合格后交给老师验收。

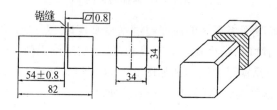

训练任务一:锯削四方铁

4. 操作注意事项

(1)锯削练习时,必须注意工件的装夹及锯条的选择和安装是否正确,并要注意起锯方法和起锯角度的正确,以免一开始锯削就造成废品和锯条损坏;

(2)初学锯削对锯削速度掌握不好,往往推出速度过快,这样容易使锯条很快磨钝,同时也会出现摆动姿势不自然,摆动幅度过大等错误姿势,应该及时纠正;

(3)要适时注意锯缝的平直情况,及时纠正(歪斜过多再纠正时,就不能保证锯削的质量),避免产生废品;

(4)在锯削钢件时,可加些机油,以减少锯条与锯削断面的摩擦并能冷却锯条,提高锯条的使用寿命;

(5)锯削完毕,应该将锯弓上张紧螺母适当放松,但不要拆下锯条,防止锯弓上的零件失散,并将其妥善放好。

评分标准见表2-8。

表2-8 锯削练习评分表

锯削练习评分表　　　　　　姓名:　　　　　总得分:

序号		项目与技术要求	实测记录	单次配分	得分
1	四方铁	尺寸要求 (54mm±0.8mm)		40	
2		平面度误差为0.8mm		12	

续表

序号	项目与技术要求	实测记录		单次配分	得分
3	锯削姿势正确			30	
4	锯削端面纹路整齐			8	
5	外形无损伤			10	
6	锯条使用			每断一根扣 3 分	
7	安全文明生产			违者每次扣 3 分	
8	时间定额 30 分钟	开始时间		每超过 5 分钟扣 1 分	
		结束时间			
		实际工时			

2.4　燕尾样板成形过程中錾削和锉削的训练

燕尾样板成形过程中錾削和锉削的训练共 6 学时,具体如表 2-9 所示。

表 2-9　燕尾样板成形过程中錾削和锉削的训练

步骤	教学内容	教学方法	教学手段	学生活动	时间分配
教师示范,同学练习,阶段点评课,从中进行分析	对于燕尾样板成形过程中,按照图纸尺寸要求,会选择錾削和锉削工具,錾削和锉削姿势正确,锉削和錾削技能达到比较熟练的程度,要求得到燕尾样板的尺寸中圆弧的尺寸要求和表面粗糙度的要求至少 70% 以上达到图纸要求。	以小组为单位领取作业所需的工具和材料,安排好各小组的工位场地。	安排学生以小组为单位进行讨论,要求每个成员提出自己加工工艺。	个别回答	10 分钟
引入(任务三:燕尾样板成形过程中锉削和錾削的训练)	集中学生进行作业任务书的细致讲解,提出具体考核目标和要求。	按照学习小组下发任务书,讲解,提出具体考核目标和要求。	教师参与各小组的讨论,提出指导性意见或建议。	小组讨论代表发言互相点评	30 分钟

续表

步骤	教学内容	教学方法	教学手段	学生活动	时间分配
操练	分析燕尾样板的零件图中的尺寸关系，画好线后，进行錾削、锯削，然后进行锉削。	安排各小组选派代表陈述本小组制定的划线思路，提出存在的问题。	要求各小组确定最终工艺方法。	学生模仿	60分钟
深化（加深对基本能力的体会）	按照图纸要求，选择錾削和锉削工具，进行錾削和锉削。	各小组实施加工錾削和锉削作业，教师进行安全监督及指导。	课件板书	学生实际操作 个人操作 小组操作 集体操作	30分钟
归纳（知识和能力）	各小组錾削和锉削过程中经常进行测量，提出自己的见解。	要求各小组进行阶段总结和互评。	课件板书	小组讨论 代表发言	30分钟
训练 巩固 拓展 检验	训练项目：燕尾样板錾削和锉削。	考察各小组作业完成的进度，观察各位学生的工作态度、劳动纪律、操作技能。	课件板书	个人操作 小组操作 集体操作	120分钟
总结	各小组对錾削和锉削结果进行总结、修改。	教师讲授或提问	课件板书		18分钟
作业	作业题、要求、完成时间。				2分钟
后记					

　　通过一周实训完成燕尾样板的制作，这个教学单元主要解决制作过程的錾削和锉削问题，进一步提高操作技能。

2.4.1　錾削

教学目标：指导学生了解錾削的相关知识，掌握錾削的相关工作要领。

一、錾削的概念与錾削工具

　　錾削的概念：錾削是利用手锤敲击錾子对工件进行切削加工的一种操作方法。其作用就是錾掉或錾断金属，使其达到所需的形状和尺寸。錾削的基本情况如图2-35所示。图2-35中錾子的前刀面与后刀面之间的夹角称为楔角β_o，錾削硬钢或铸铁等较硬材料时，楔角取60°～70°；錾削中等硬度材料时，楔角取50°～60°；錾削铜铝等较软材料时，楔角取30°～50°。

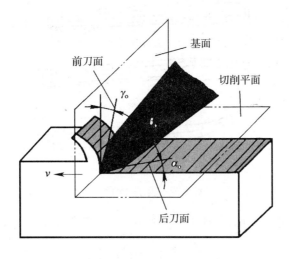

图 2-35 錾子的切削原理

錾削加工具有很大的灵活性,它不受设备、场地的限制,可以在其他设备无法完成加工的情况下进行操作。目前,一般用在去除毛坯上的凸缘、毛刺、分割材料、錾削平面、凿油槽、刻模具和錾断板料等方面。它是钳工需要掌握的基本操作技能之一。

錾削使用的工具:主要是錾子和手锤。

1. 錾子

錾子一般由碳素工具钢 T7A 或 T8A 碳素工具钢,经过锻造后,再进行刃磨和热处理而制成,其硬度要求是切削部分为 HRC52～62,头部为 HRC32～42。要想錾子能顺利地切削,它必须具备两个条件:一是切削部分的硬度比材料的硬度要高,二是切削部分必须做成楔形。錾子由切削刃、斜面、柄部、头部四个部分组成,如图 2-36 所示。

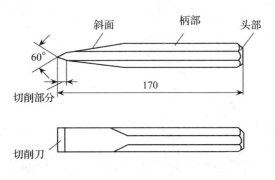

图 2-36 錾子的结构

錾子的头部一般制成近似为球面形,以便锤击力能通过錾子轴心;柄部一般制成做成八棱形,以便操作者定向把持。全长 170mm 左右,直径为 18～20mm。切削部分则可以根据錾削对象不同,制成以下三种类型:扁錾、尖錾、油槽錾。如图 2-37 所示。

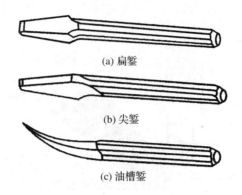

(a) 扁錾

(b) 尖錾

(c) 油槽錾

图 2-37 錾子三种类型

扁錾：切削部分：扁平，刃口略带弧形。适用场合：錾削平面、去除毛刺、分割板料。如图 2-38 所示。

(a) 板料錾切 （b) 錾断条料 （c) 錾削窄平面

图 2-38 扁錾的用法

尖錾：切削刃比较短，切削部分两侧面从切削刃起向柄部逐渐变小。作用在于：避免两侧面被卡住，减小錾削阻力和磨损。适用场合：錾槽、分割曲线型板料。如图 2-39 所示。

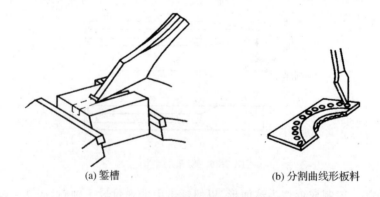

(a) 錾槽 （b) 分割曲线形板料

图 2-39 尖錾的用法

油槽錾：切削刃很短，并呈圆弧形，切削部分做成弯曲形状。主要錾削油槽。如图 2-40 所示。

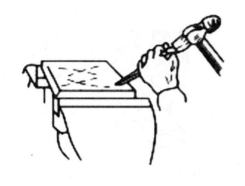

图 2-40　油槽錾的用法

錾子的握法：正握法、反握法和立握法。

正握法是錾削的一种主要握法，錾子用左手的中指、无名指和小指握持，手心向下，用虎口夹住錾身，大拇指与食指自然合拢，让錾子的头部伸出约 20mm；錾削时小臂要自然平放，并使錾子保持正确的后角。这种握法适于在平面上进行錾削。如图 2-41(a)所示。

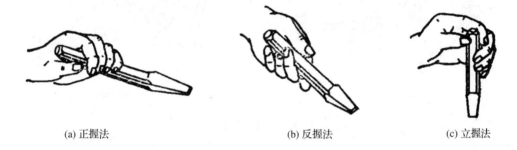

(a) 正握法　　　　　　(b) 反握法　　　　　　(c) 立握法

图 2-41　錾子的握法

反握法：手心向上，手指自然握住錾柄，手心悬空。这种握法适用于小的平面或侧面錾削。如图 2-41(b)所示。

立握法：虎口向上，拇指放在錾子的一侧，其余四指放在另一侧捏住錾子。这种握法适于垂直錾切工件，如在铁砧上錾断材料等。如图 2-41(c)所示。

2. 手锤

手锤(榔头)是钳工常用的敲击工具，由锤头、木柄和楔子等组成。如图 2-42 所示。

手锤分类：硬头手锤和软头手锤。硬头手锤的锤头由碳素工具钢(T10A)制成，并经过热处理淬硬。软头手锤的锤头由铅、铜、硬木、橡胶制成。錾削时多用硬头手锤。手锤的规格通常以锤头的质量来表示，有 0.25kg、0.5kg、0.75kg、1kg 等几种。锤头形状：圆头、方头。木柄选用硬而不脆的木材制成，如檀木等且粗细和强度应该适当，应和锤头的大小相称，常用的柄长为 350mm。为了防止手锤在操作过程中脱落伤人，木柄装入锤孔后必须打入楔子(如图 2-42 所示)。为保证安全，在使用前要检查锤头是否有松动，若有松动，即时修整楔铁，以防锤头脱落、伤人。

锤子的握法：錾削时，右手握锤有两种方法，即松握法和紧握法。

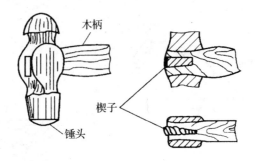

图 2-42　手锤的结构

松握法:只有大拇指和食指始终紧握锤柄。在锤打时中指,无名指和小指依次握紧锤柄;挥锤时则相反,小指、无名指和中指依次放松。这种握法锤击力大,且手还不易疲劳,如图 2-43(a)所示。

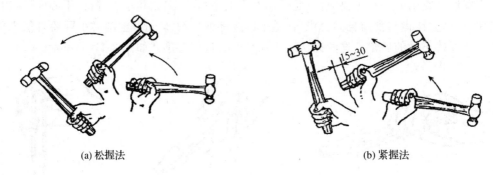

(a) 松握法　　　　　　　　　　　　(b) 紧握法

图 2-43　锤子的握法

紧握法:用右手五指紧握锤柄,大拇指放在食指上。锤打和挥锤时,五个手指的握法不变,如图 2-43(b)所示。

挥锤方法有:腕挥、肘挥、臂挥三种。

腕挥:只是手腕的运动挥锤,锤击力较小。一般用于錾削的开始和收尾,或油槽、打样冲眼等用力不大的地方。如图 2-44(a)所示。

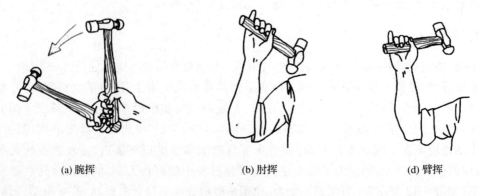

(a)腕挥　　　　　　　　　(b)肘挥　　　　　　　　　(d)臂挥

图 2-44　挥锤的方法

肘挥:用手腕和肘部一起挥锤,它的运动幅度大,锤击力较大,应用广泛。如图 2-44(b)所示。

臂挥:用手腕、肘部和整个臂一起挥动,其锤击力大,用于需要大力錾削的场合。如图 2-44(c)所示。

二、錾削的方法与注意事项

1. 錾削时的步位和姿势

錾削时,操作者的步位和姿势应便于用力。身体的重心偏于右腿,挥锤要自然,眼睛要正视錾刃,而不是看錾子的头部,正确姿势如图 2-45 所示。

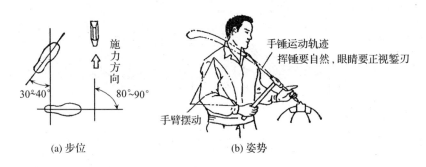

(a) 步位   (b) 姿势

图 2-45　錾削时的步位和姿势

(1)錾削平面

起錾:应采用斜角起錾的方法,起錾后,再把錾子逐渐移向中间,使切削刃的全宽参与切削。如图 2-46 所示。

錾削窄平面:錾削窄平面时,主要采用扁錾錾削,每次厚度为 0.5~2mm。注意扁錾的刃口宽度应该大于被錾削平面的宽度。如图 2-47 所示。

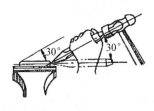

图 2-46　起錾方法

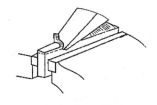

图 2-47　錾削窄平面

錾削较宽平面:对于宽平面,应先用尖錾开槽,其间隔为扁錾刃口的 3/4,然后再用扁錾倾斜成 30°,将将凸起部分錾平,以获得整个錾削平面。如图 2-48 所示。

平面尽头錾法:当錾削接近平面尽头约 15mm 时,应该调头錾去余下的部分,如图 2-49(a)所示;否则錾削至尽头处就会出现崩裂现象,如图 2-49(b)所示,錾削铸铁和青铜等脆性材料更是应如此。

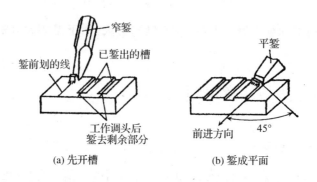

图 2-48　錾削较宽平面

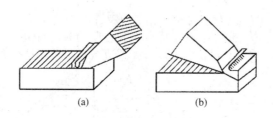

图 2-49　錾削平面尽头

（2）錾削油槽

錾削油槽时，要先选与油槽同宽的油槽錾削。必须使油槽錾得深浅均匀，表面平滑，如图 2-50 所示。

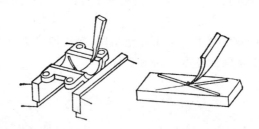

图 2-50　錾削油槽

（3）錾断

錾断 2mm 以下的薄板和小直径棒料可以在虎钳上进行，按照划好的线将板料或棒料夹持在台虎钳时，使錾切处与钳口平齐，用扁錾斜对工件，约成 45°角，从右向左沿着钳口錾切。如图 2-51 所示。

錾切大尺寸板料或曲线轮廓板料可以在铁砧上进行，图 2-52 所示为用扁錾在铁砧上錾削板料情况。用扁錾在铁砧上錾切材料时，錾子切削刃应该磨成适当圆弧形，以便錾痕连接整齐、圆滑。如图 2-53（a）（b）所示为两种刃形对錾切效果的影响。錾切时应该由前向后排鏨,开始时鏨子应放斜似剪切状,然后逐步放垂直,如图 2-53(c)(d)所示。

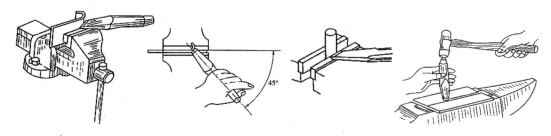

图 2-51　在虎钳鏨削薄板料和小棒料的方法　　　　图 2-52　鏨削大尺寸板料

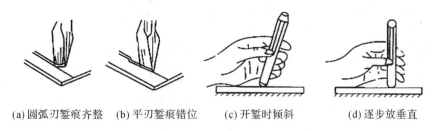

(a)圆弧刃鏨痕齐整　(b)平刃鏨痕错位　(c)开鏨时倾斜　(d)逐步放垂直

图 2-53　在铁砧上鏨削板料的方法

鏨断还可以用密集排孔配合鏨切。如图 2-54 所示。

(4)鏨子切削刃的刃磨方法

将鏨子刃面置于旋转着的砂轮轮缘上,并略高于砂轮的中心,且在砂轮的全宽方向作左右移动。刃磨时要掌握好鏨子的方向和位置,以保证所磨的楔角符合要求。前、后两面要交替磨,以求对称。刃磨时,加在鏨子上的压力不要太大,以免刃部因为过热而退火产生软化现象,必要时可将鏨子放在冷水中进行冷却。如图 2-55 所示。

图 2-54　用密集排孔配合鏨切　　　　图 2-55　鏨子切削刃的刃磨方法

2. 鏨削注意事项

(1)先检查鏨口是否有裂纹;

(2)检查锤子手柄是否有裂纹,锤子与手柄是否有松动,特别注意防止锤头飞出;

(3)不要正面对人操作；

(4)錾头不能有毛刺，如有要及时磨掉錾子头部的毛刺；

(5)操作时不能戴手套，以免打滑；

(6)錾削临近终了时要减力锤击，以免用力过猛伤手；

(7)錾削操作过程中一定要注意周围情况，注意操作安全；

(8)錾削时的废品分析；

(9)錾过了尺寸界线；

(10)錾崩了棱角或棱边；

(11)夹坏了工件表面。

本单元的錾削训练任务如下：一是按照下发的任务书完成燕尾样板的錾削任务并进行测量和评估；二是完成下列训练任务：

训练任务二：錾削下图所示的四方铁，其材料为 $\phi 35 \times 115$ 的 HT150。

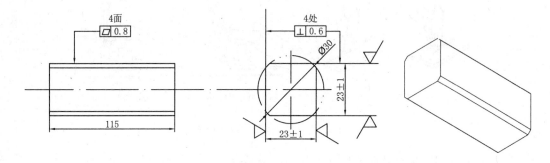

训练任务二：錾削四方铁

3. 操作步骤

錾削第一面。以圆柱母线为基准划出 29mm 高度的平面加工线，然后按线錾削，达到平面度要求。

以第一平面为基准，划出相距为 23mm 对面的平面加工线，按线錾削，达到平面度和尺寸公差要求。

分别以第一面及一端面为基准，用 900 角尺划出距顶面母线为 6mm 并与第一面相垂直的平面加工，按线錾削，达到平面度和垂直度要求。

以第三面为基准划出相距 23mm 对面的平面加工线，按线錾削，达到平面度、垂直度及尺寸公差要求。

全面检查精度，并作必要的修整錾削工作

■ 操作注意事项

(1)錾削姿势要正确，錾削面要平直。

(2)掌握正确的姿势、合适的锤击速度、一定的锤击力。

(3)为锻炼锤击力，粗錾时每次的錾削量应在 1.5mm 左右。

(4)对工件进行錾削时，时常出现锤击速度过快，左手握錾不稳，锤击无力等情况，要注意及时克服。

练习记录及评分标准：錾削练习评分见表 2-10。

表 2-10 錾削练习评分表

錾削练习评分表　　　　　　姓名：　　　　　总得分：

序号	项目与技术要求	实测记录			单次配分	得分
1	平面度 0.8mm(4 面)				1	
2	垂直度 0.6mm(4 面)				2	
3	尺寸公差 23mm±1mm(2 处)				6	
4	錾削痕迹整齐(4 面)				1	
5	站立位置和身体姿势正确	10				
6	握錾正确、自然	10				
7	錾削角度掌握稳定	8				
8	握锤与挥锤动作正确	10				
9	錾削时视线方向正确	8				
10	挥锤、锤击稳健有力	10				
11	锤击落点准确	10				
12	安全文明生产	6				
8	时间定额 2.5 小时	开始时间			每超过 10 分钟扣 3 分	
		结束时间				
		实际工时				

2.4.2　锉削

教学目标：指导学生进一步掌握锉削的相关工作要领。

本单元除了完成上述任务外，教师要进行针对性任务设计，对工件锉削技能进一步提高。

1. 圆弧面(曲面)的锉削

圆弧面(曲面)锉削分为外圆弧面锉削和内圆弧面锉削两种。

外圆弧面锉削：锉刀要同时完成两个运动：锉刀的前推运动和绕圆弧面中心的转动。前推是完成锉削，转动是保证锉出圆弧形状。选用板

(a) 滚锉法

(b) 横锉法

图 2-56　外圆弧面锉削方法

锉锉削外圆弧面。常用的外圆弧面锉削方法有两种：滚锉法、横锉法。

滚锉法是使锉刀顺着圆弧面锉削，此法用于精锉外圆弧面。如图 2-56(a)所示。

横锉法，是使锉刀横着圆弧面锉削，此法用于粗锉外圆弧面或不能用滚锉法的情况下。如图 2-56(b)所示。

内圆弧面锉削：锉削内圆弧面时，锉刀要同时完成三个运动：锉刀既向前推进，又要随圆弧面向左或向右移动，还要绕锉刀中心线自身转动。如图 2-57 所示。否则锉不好内圆弧面。可使用的锉刀：圆锉、半圆锉、圆肚锉。

通孔的锉削：根据通孔的形状、工件材料、加工余量、加工精度和表面粗糙度来选择所需的锉刀。如图 2-58 所示。

图 2-57　内圆弧面锉削方法　　　　　　　图 2-58　通孔锉削方法

平面与曲面的连接锉法：一般情况下，先加工平面后加工曲面。如果先加工曲面而后加工平面，容易使已加工的曲面损伤；很难保证对称的中心面；圆弧面不能与平面很好地相切。

2. 锉削质量与质量检查

■ **锉削质量问题**

(1)平面中出现凸、塌边和塌角。主要原因是由于操作不熟练，锉削力运用不当或锉刀选用不当所造成；

(2)形状、尺寸不准确。主要原因是由于划线错误或锉削过程中没有及时检查工件尺寸所造成；

(3)表面较粗糙。主要原因是由于锉刀粗细选择不当或锉屑卡在锉齿间所造成；

(4)锉掉了不该锉的部分。主要原因是由于锉削时锉刀打滑，或者没有注意带锉齿工作边和不带锉齿的光边而造成；

(5)工件被夹坏。主要原因是由于在虎钳上夹持不当而造成的。

■ **锉削质量检查**

(1)检查直线度。用钢尺和直角尺以透光法来检查。如图 2-59 所示。

(2)检查垂直度。用直角尺采用透光法检查。应先选择基准面，然后对其他各面进行检查。如图 2-60 所示。

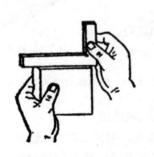

图 2-59　检查直线度

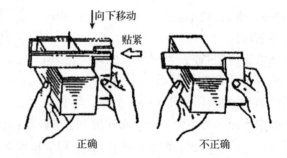

图 2-60　检查垂直度

■ **锉刀的正确使用和保养**

(1)新锉刀应先用一面，用钝后再用另一面。

(2)锉刀不能沾油、沾水，以防锈蚀和锉削时打滑。

（3）不可以锉淬硬的零件，不可用细齿锉刀锉削软金属。

（4）锉刀在使用时和使用后必须清刷干净，以免生锈。

（5）不可与其他工具、量具叠放，以免锉齿损坏。

本单元的锉削训练任务如下：一是按照下发的任务书完成燕尾样板的锉削任务并进行测量和评估；二是完成下列训练任务：

训练任务三：锉削下图所示的长方体。

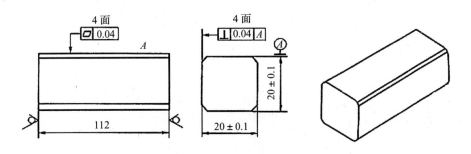

训练任务三：锉削长方体

材料：45# 钢；

材料尺寸：115mm×23mm×23mm；

技术要求：

尺寸及各项精度符合图样要求；

锉纹整齐，各边倒角 C1 均匀；

安全文明生产；

额定工时：4 小时。

练习记录及评分标准：锉削练习评分见表 2-11。

表 2-11　锉削练习评分表

锉削练习评分表　　　　姓名：　　　　总得分：

序号	项目与技术要求	实测记录				单次配分	得分
1	平面度 0.04mm（4 面）					20	
2	尺寸 20mm±0.1mm（2 处）					12	
3	尺寸差值≤0.1mm（2 处）					8	
4	⊥0.04mm（2 处）					16	
5	$Ra=3.2\mu m$（4 面）					12	
6	锉纹整齐、倒角均匀（4 面）					8	
7	锉削姿势正确					24	
8	安全文明生产					违者每次扣 3 分	
9	时间定额 4 小时	开始时间				每超过 30 分钟扣 5 分	
		结束时间					
		实际工时					

2.5　燕尾样板成形过程中钻削以及其他方面的训练

燕尾样板成形过程中钻削以及其他方面的训练共 6 学时,具体内容如表 2-12 所示。

表 2-12　燕尾样板成形过程中钻削以及其他方面的训练

步骤	教学内容	教学方法	教学手段	学生活动	时间分配
教师示范,同学练习,阶段点评课,从中进行分析	对于燕尾样板成形过程中,按照图纸尺寸要求,会选钻头规格、会安装钻头、会使用钻床,钻孔技能达到比较熟练的程度,要求得到复形样板的孔径和孔与相关边的尺寸中至少 70% 以上达到图纸要求。	以小组为单位领取作业所需的工具和材料,安排好各小组的工位场地。	安排学生以小组为单位进行讨论,要求每个成员提出自己加工工艺。	个别回答	10 分钟
引入(任务四:复形样板成形过程中钻削的训练)	集中学生进行作业任务书的细致讲解,提出具体考核目标和要求。	按照学习小组下发任务书,讲解,提出具体考核目标和要求。	教师参与各小组的讨论,提出指导性意见或建议。	小组讨论代表发言互相点评	30 分钟
操练	分析燕尾样板的零件图中的尺寸关系,画好线后,进行锯削,然后进行锉削,钻孔。	安排各小组选派代表陈述本小组制定的钻孔思路,提出存在的问题。	要求各小组确定最终工艺方法。	学生模仿	60 分钟
深化(加深对基本能力的体会)	按照图纸要求,选择钻孔工具,进行钻孔。	各小组实施加工钻孔作业,教师进行安全监督及指导。	课件板书	学生实际操作个人操作小组操作集体操作	30 分钟
归纳(知识和能力)	各小组钻孔过程中经常进行测量,提出自己的见解。	要求各小组进行阶段总结和互评。	课件板书	小组讨论代表发言	30 分钟

步骤	教学内容	教学方法	教学手段	学生活动	时间分配
训练 巩固 拓展 检验	训练项目:燕尾样板钻孔。	考察各小组作业完成的进度,观察各位学生的工作态度、劳动纪律、操作技能。	课件 板书	个人操作 小组操作 集体操作	120 分钟
总结	各小组对钻孔结果进行总结、修改。	教师讲授或提问	课件 板书		18 分钟
作业	作业题、要求、完成时间。				2 分钟
后记					

通过一周实训完成燕尾样板的制作,这个教学单元主要进一步提高解决制作过程的钻孔问题,同时教师针对性地进行其他方面的孔加工以及螺纹加工的技能训练。

2.5.1　钻孔

教学目标:指导学生进一步提高钻孔的技能。

钻孔产生废品的原因是钻头刃磨不正确、钻头或工件安装不当、切削用量选择不合适以及操作不当等。钻头损坏的原因是钻头太钝、切削用量太大、排屑不畅、工件装夹不妥以及操作不正确等。

本单元教师要结合燕尾样板的制作中的钻孔问题,进一步提出钻孔加工中的相关知识和操作技能,这方面的内容在学习第 1 章时已经进行了介绍,在此就不赘述了。

2.5.2　扩孔

教学目标:指导学生了解扩孔的相关知识,掌握扩孔的相关工作要领。

扩孔:对已经加工过的孔(锻出、铸出或钻出的孔)进行扩大孔径的加工方法称为扩孔。它可以校正孔德轴线偏差,并使其获得较正确的几何形状,扩孔的加工质量比钻孔高,扩孔属于半精加工,其尺寸公差等级可达 IT10～IT9,表面粗糙度 Ra 值可达 $6.3～3.2\mu m$。扩孔可作为要求不高的孔的最终加工,更多的是作为精加工前的预加工,扩孔加工余量一般为 $0.5～4mm$。如图 2-61 所示。

扩孔时,切削深度 a_p 按下式计算:$a_p = (D-d)/2$

D—扩孔后的直径,mm;

d—预加工孔的直径,mm。

扩孔加工具有以下特点:

切削刃不必自外缘延续到中心,避免了横刃产生的不良影响;

切削深度 a_p 钻孔时大大减小,切削阻力小,切削条件大大改善;

切削深度 a_p 较小,产生切屑体积小,排屑容易。

扩孔钻：由于扩孔切削条件大大改善，所以扩孔钻的结构与麻花钻相比有较大不同。扩孔钻的种类按照刀体结构可分为整体式和镶嵌式两种；按照装夹方式分为直柄、锥柄和套式三种。部分扩孔钻的结构如图 2-62 所示。

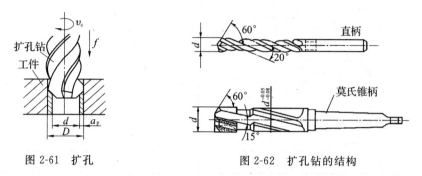

图 2-61　扩孔　　　　　　　　　图 2-62　扩孔钻的结构

扩孔的切削速度为钻孔的 1/2，进给量为钻孔的 1.5～2 倍；用麻花钻扩孔时，扩孔前的钻孔直径为孔径的 0.5～0.7 倍；用扩孔钻扩孔时，扩孔前的钻孔直径为孔径的 0.9 倍。

2.5.3　锪孔

教学目标：指导学生了解锪孔的相关知识，掌握锪孔的相关工作要领。

锪孔（huōkǒng）：是用锪钻加工各种沉头孔、锥面沉孔、端面凸台的加工方法。如图 2-63 所示。其目的是为保证孔端面与孔中心线的垂直度，以便使与孔连接的零件位置正确，连接可靠。锪孔一般在钻床上进行。

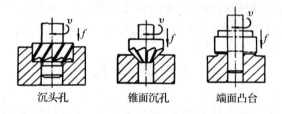

图 2-63　锪孔的加工方法

锪钻分为柱形锪钻、锥形锪钻和端面锪钻三种。

柱形锪钻：锪圆柱形埋头孔的锪钻。柱形锪钻起主要切削作用的是端面刀刃，螺旋槽的斜角就是它的前角，柱形锪钻前端有导柱，导柱直径与工件上的孔为紧密的间隙配合，以保证有良好的定心和导向，一般导柱是可拆的，也可把导柱和锪钻做成一体。如图 2-64(a)所示。

锥形锪钻：锪锥形沉孔的锪钻。锥形锪钻的锥角按工件上沉孔锥角的不同，有 60°、75°、90°、120°四种，其中 90°用得最多。锥形锪钻的直径在 12～60mm 之间，齿数为 4～12 个，为了改善钻尖处的容屑条件，每隔一齿将刀刃切去一块。如图 2-64(b)所示。

端面锪钻：用来锪平孔口端面的锪钻称为端面锪钻，其端面刀齿为切削刃，前端导柱用来导向定心，以保证孔端面与孔中心线的垂直度。如图 2-64(c)所示。

锪孔的操作和注意事项与钻孔基本相同，在此就不赘述了。

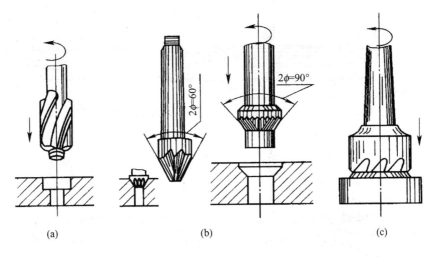

图 2-64　锪钻的分类

2.5.4　铰孔

教学目标:指导学生了解铰孔的相关知识,掌握铰孔的相关工作要领。

铰孔:用铰刀从工件孔壁上切除微量金属层,以提高其尺寸精度和降低表面粗糙度的加工方法称为铰孔。铰孔之前,被加工孔一般需经过钻孔或经过钻、扩孔加工。由于铰刀的刀齿数量多,切削余量小,切削阻力小,导向性好,加工精度高。铰孔属于精加工,尺寸公差等级可达 IT9～IT7,表面粗糙度 Ra 值可达 Ra 0.8～3.2μm。如图 2-65 所示。

铰孔的主要工具:铰刀和铰杆。

铰刀的种类和特点:按铰刀用途可分为手用铰刀和机用铰刀两类。手用铰刀的柄部做成方榫形,以便

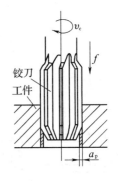

图 2-65　铰孔

套入铰杠铰削工件,手用铰刀又分为整体式和可调式。机用铰刀分带柄的和套式的。加工锥孔用的铰刀称为锥度铰刀。

整体圆柱铰刀:分手用和机用两种,其结构如图 2-66 所示。整体圆柱铰刀主要用来铰削标准直径系列的孔。

可调节的手用铰刀:在单件生产和修配工作中,需要铰削少量的非标准孔,则应使用可调节的手用铰刀,如图 2-67 所示。

螺旋槽手用铰刀:用普通直槽铰刀铰削带有键槽的孔时,因为刀刃会被键槽边钩住而使铰削无法继续,因此须采用螺旋槽铰刀,其结构如图 2-68 所示。一般螺旋槽的方向是左旋,以避免铰削时因铰刀的正向转动而产生自动旋进的现象,左旋刀刃容易使切屑向下。

常用铰孔方法有三种,如图 2-69 所示。

铰孔的操作和注意事项与钻孔基本相同,在此就不赘述了。

本单元的训练任务如下:一是按照下发的任务书完成燕尾样板的钻孔任务并进行测量

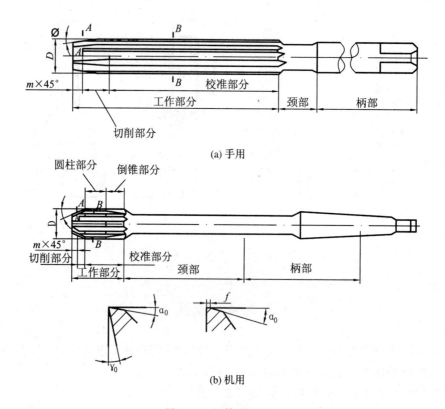

(a) 手用

(b) 机用

图 2-66 整体圆柱铰刀

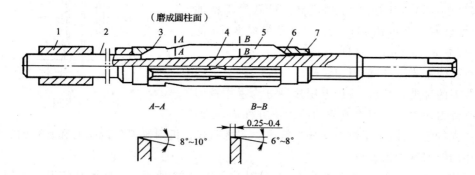

1-导向套；2-导向柱；3-引导部分；4-刀体；5-刀片；6-压圈；7-调整螺母

图 2-67 可调节手用铰刀

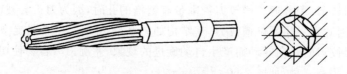

图 2-68 螺旋槽手用铰刀

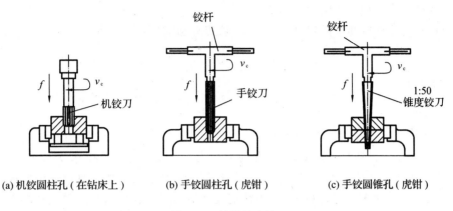

(a) 机铰圆柱孔（在钻床上）　　　(b) 手铰圆柱孔（虎钳）　　　(c) 手铰圆锥孔（虎钳）

图 2-69　铰孔的方法

和评估；二是完成下列训练任务：

训练任务四：钻孔、扩孔和铰孔技能训练。

任务要求：在同一平面上钻、铰 2～3 个孔，达到下图所示的技术要求。

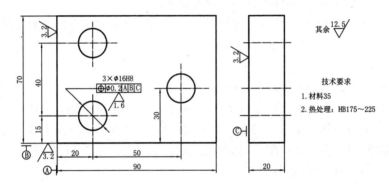

训练任务四：钻孔、铰孔

坯料的原始状态：坯件经过精刨，尺寸规格为：90mm×70mm×20mm，基准面 A 和 B 的垂直度误差不超过 0.07mm，基准面 C 与 A 和 B 的垂直度误差不超过 0.05mm，三个基准面的表面粗糙度为 $Ra3.2\mu m$，其余为 $Ra12.5\mu m$。

1. 准备工作

划线工具的准备：包括精密划线平板、C 形夹头、游标高度尺、划规、样冲、锤子、蓝油等。

量具的准备：包括光面塞规、游标卡尺、量块、表面粗糙度样块和杠杆百分表等。

刃具的准备：包括中心钻、ϕ13mm 和 ϕ15.5mm 麻花钻、粗铰刀和精铰刀等。

其他设备准备：包括钻床、钻套、斜铁和平口钳等。

2. 操作技术要求

(1)掌握提高孔距精度的划线操作和在钻孔时保证孔距精度的操作技能；

(2)自制研磨工具，将 2# 铰刀（或 1# 铰刀）研至 ϕ16mm，其表面粗糙度不大于 $Ra0.8\mu m$；

（3）选择合理的切削用量和切削液；

（4）正确操作钻床和使用工具、夹具、量具、刃具和辅具；

（5）合理安排工艺。

3. 操作步骤

（1）划线

先在坯件上涂色，然后进行精密划线。

把坯件放在精密划线平板上，划出孔的中心线。划线精度一般在 0.25～0.5mm 之间，而图样要求孔的位置公差为 $\phi 0.2$mm。此时，仍按一般划线去操作是难以达到要求的，如果提高划线精度，样冲眼位置打得准，钻头性能良好，操作得法，可将孔距精度控制在 0.2mm 之内，因此应该注意：

使用的游标高度尺划线刃口要锋利，尺寸要调准，保证划出的线痕细而清楚，位置正确；

精确定孔的中心位置：使用的样冲要磨得圆而尖，将样冲的尖部沿孔中心线的一条线向孔的两中心线的交点移动，在移动过程中握样冲的手指会在某点有明显的停顿感觉，反复走几次，每次在该处都有上述感觉时，该点就是孔的圆心；

打样冲眼：圆心点划出后，将样冲保持垂直，先轻打，并从几个方向观察是否偏离中心十字，确定无误后，再将样冲眼加大，并划出校正圆。

（2）试钻

试钻时用中心钻对准样冲眼，钻一深度不大于 2mm 的小孔，测量各处孔距合格后，再用中心钻加深成 $60°$ 锥孔，然后扩孔到需要的尺寸。如果发现孔偏，要借正。如果偏位较少，可移动工件或移动钻床主轴来借正。如果偏位较大，可在借正方向上打几个样眼或用小錾子錾出几条槽，以减少此处的阻力，达到借正的目的。可反复进行，但借正只能在锥孔直径小于所要求的孔径尺寸时进行。

（3）工艺过程

根据图样要求，要达到要求的精度，工艺过程应该如下安排：钻孔—扩孔—粗铰—精铰。

钻底孔：用 $\phi 13$mm 的钻头钻通孔，其切削用量为 $v=20$m/min，$f=0.18～0.38$mm/r，$a_p=6.5$mm。

扩孔：用 $\phi 15.5$mm 的钻头将孔的直径扩至 $\phi 15.5$mm，留铰削余量 0.5mm，其切削用量为 $v=10$m/min，$f=0.24～0.56$mm/r，$a_p=1.25$mm。

在钻孔和扩孔时，应该注意排屑和注入充足的切削液，两者所用的切削液均为 3%～5% 的乳化液。

粗铰和精铰：粗铰时用 $\phi 15.8$mm 的铰刀铰削，留精铰余量 0.2mm；精铰时用已经研好的铰刀进行铰削，两者均用机铰。铰削的切削用量为 $v=8$m/min，$f=0.4$mm/r。应注入 10%～20% 的乳化液。

质量检查：包括孔位置度的检查、孔尺寸合格性检查、表面粗糙度的检查。

2.5.5 攻螺纹

教学目标：指导学生了解攻螺纹的相关知识，掌握攻螺纹的相关工作要领。

工件圆柱外表面上的螺纹称为外螺纹;工件圆柱孔内侧面上的螺纹为内螺纹。常用的螺纹是三角形螺纹,螺纹除采用机械加工外,还可以攻螺纹和套螺纹等钳工加工方法获得。

　　攻螺纹(亦称攻丝):指用丝锥在工件孔中切削出内螺纹的加工方法,即在零件上钻出一定深度的底孔,并用丝锥加工内螺纹。最常用的为手工攻螺纹的方法。如图 2-70 所示。

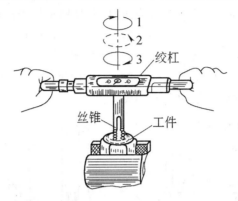

图 2-70　攻螺纹

　　攻螺纹所用的工具:攻螺纹要用丝锥、铰(或绞)杠和保险夹头等工具。

　　丝锥又称为螺丝攻:丝锥是专门用来加工小直径内螺纹的成形刀具,分为机用丝锥和手用丝锥两种,它们有左旋和右旋及粗牙和细牙之分。机用丝锥和手用丝锥是切削普通螺纹的常用标准丝锥,在国家工具标准中,将高速钢磨牙丝锥定名为机用丝锥,螺纹公差带分为 H1、H2、H3 三种。手用丝锥是用滚动轴承钢 GCr9 或合金工具钢 9SiCr 制成的滚牙(或切牙)丝锥,螺纹公差带为 H4。实际上它们的工作原理的结构特点完全相同。

　　丝锥的构造:丝锥的结构如图 2-71 所示,由工作部分和柄部组成,工作部分又包括切削部分和校准部分。切削部分前角 $\gamma_o = 8° \sim 10°$;切削部分的锥面上一般铲磨成后角,机用丝锥 $\alpha_o = 10° \sim 12°$,手用丝锥 $\alpha_o = 6° \sim 8°$。

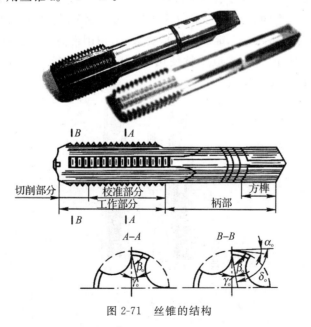

图 2-71　丝锥的结构

　　丝锥的基本结构形状像一个螺钉,轴向有几条容屑槽,相应地开成几瓣刀刃(切削刃),由工作部分和柄部组成,其中工作部分由切削部分与校准部分组成。切削部分磨出锥角,使切削负荷分布在几个刀齿上,这不仅可使工作省力,同时不易产生崩刃或折断,而且攻螺纹时引导作用较好,也保证了螺孔的表面粗糙度。校准部分具有完整的齿形,用来校准已切出的螺纹,并引导丝锥沿着轴向前进。柄部有方榫,其作用是与铰杠相配合并传递扭矩。

　　为了制造和刃磨方便,丝锥上有三四条容屑槽,便于容屑和排屑。丝锥上的容屑槽一般做成直槽。有些专用丝锥为了控制排屑方向,常做成螺旋槽。加工不通孔的螺纹,为使切屑向上排出,容屑槽做成右旋槽;加工通孔螺纹,为使切屑向下排出,容屑槽做成左旋槽,如图 2-72 所示。一般丝锥的容屑槽为 3～4 个。

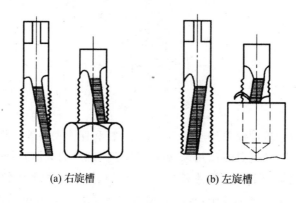

　　　　(a) 右旋槽　　　　　　　　　(b) 左旋槽

图 2-72　丝锥上的螺旋槽

　　成组丝锥:为了减少切削力和延长使用寿命,一般将整个切削工作量分配给几支丝锥来承担。通常 M6～M24 的丝锥每组有两支,称头锥、二锥;M6 以下及 M24 以上的丝锥每组有三支即头锥、二锥和三锥。

　　手用丝锥由两支组成一套,分别叫头锥和二锥,两支丝锥的大径、中径和小径相同,只是切削部分的锥角和长度不同。头锥的锥角要小些,切削部分长一些,约有 6 个不完整的牙型,以便开始攻丝时容易切入。二锥切削锥角要大些,切削部分也要短些,只有两个不完整的牙型。攻盲孔螺纹时,两支丝锥应交替使用,以保证加工螺纹的有效长度。攻通孔螺纹时,只用头锥即可一次攻成。如图 2-73 所示。

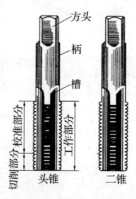

图 2-73　成组丝锥

丝锥的种类:按照加工螺纹的种类不同分为:机用普通螺纹丝锥、手用普通螺纹丝锥、圆柱管螺纹丝锥、圆锥管螺纹丝锥。

铰杠(或绞杠):铰杠是手工攻螺纹时用来夹持丝锥的工具,常用的有普通铰杠和丁字铰杠两类。

普通铰杠:分为固定铰杠和活络铰杠两种,如图 2-74 所示。

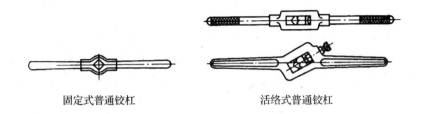

固定式普通铰杠　　　　　　　　活络式普通铰杠

图 2-74　普通铰杆

固定式铰杠常用在攻 M5 以下的螺纹。活络式铰杆的方孔尺寸可以调节,因此常用的是活络式铰杠,通过旋动右边手柄,即可调节方孔的大小,以便夹持不同尺寸的丝锥。常用活络式铰杠的柄长有 150～600mm 六种规格,以适应各种不同尺寸的丝锥,见下表 2-13。

表 2-13　活络式铰杠的柄长以及适应范围

活络式规格(mm)	150	230	280	380	580	600
适用丝锥范围	M5～M8	M8～M12	M12～M14	M14～M16	M16～M22	M24 以上

丁字铰杠:丁字铰杠主要用在攻工件凸台旁的螺孔或机体内部的螺孔。丁字绞杠分为固定铰杠和可调式铰杠两种,如图 2-75 所示。大尺寸的丝锥一般用丁字形固定式的铰杠,通常是按实际需要制作成专用铰杠;丁字形可调式的铰杠是通过一个四爪的弹簧夹头来夹持不同尺寸的丝锥一般用于 M6 以下的丝锥。

保险夹头的作用:在钻床上攻螺纹时,通常用保险夹头来夹持丝锥,以免当丝锥的负荷过大或攻制不通孔螺孔到达孔底时,产生丝锥折断或损坏工件等现象。其种类:钢球式保险夹头、锥体摩擦式保险夹头。

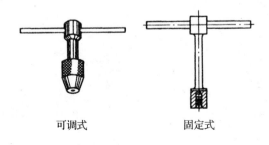

可调式　　　　　　　　固定式

图 2-75　丁字铰杆

手攻螺纹的操作方法:

(1)按图样尺寸要求划线。划线问题在前已经叙述了,参见前面有关划线内容。

(2)根据螺纹公称直径,按有关公式计算出底孔直径后钻孔。

1)攻螺纹过程中材料的塑性变形:

丝锥的切削刃除了起切削作用外,还对工件的材料产生挤压作用,被挤压出来的材料凸出工件螺纹牙型的顶端,嵌在丝锥刀齿根部的空隙中。此时,如果丝锥刀齿根部与工件螺纹牙型的顶端之间没有足够的空隙,丝锥就会被挤压出来的材料扎住,造成崩刃、折断和工件螺纹烂牙。因此攻螺纹时螺纹底孔直径必须大于标准规定的螺纹内径。

2)螺纹底孔直径 D_0 大小的确定:

螺纹底孔直径的应该根据工件材料的塑性和钻孔时的扩张量来考虑,使攻螺纹时既有足够的空隙来容纳被挤压出来的材料,又能保证加工出来的螺纹具有完整的牙型。确定底孔钻头直径 D_0 的方法,可采用查表法(见有关手册资料)确定。或用下列经验公式计算。螺纹底孔直径 D_0 的计算公式:

对钢料及韧性金属: $D_0 \approx D - P$

对铸铁及脆性金属: $D_0 = D - 1.1P$

式中: D_0 ——螺纹底孔直径(mm);

  D ——螺纹大径(即螺纹公称直径)(mm);

  P ——螺距(mm)。

(3)攻螺纹前工件的装夹位置要正确,应尽量使螺孔的中心线位于水平位置。目的是使攻螺纹时便于判断丝锥是否垂直于工件表面。

(4)攻螺纹前螺纹底孔口要倒角,通孔螺纹底孔两端孔口都要倒角,这样可以使丝锥容易切入,并防止攻螺纹后孔口的螺纹崩裂。

(5)开始攻螺纹时,应尽量把丝锥放正,用右手掌按住铰杠的中部沿丝锥中心线用力加压,此时左手配合作顺向旋进,并保持丝锥中心线与孔中心重合,不能歪斜。当切工件 1~2 圈时,可用目测或直角尺在互相垂直的两个方向检查和校正丝锥的位置。如图 2-76 所示。当切削部分全部切入工件时,应停止对丝锥施加压力,只需要自然的旋转铰杠靠丝锥上的螺纹自然旋进。如图 2-77 所示。

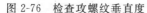

图 2-76 检查攻螺纹垂直度

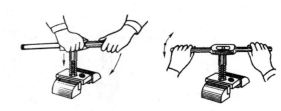

图 2-77 起攻方法

(6)当丝锥的切削部分已经切入工件后,可只转动而不加压,每转一圈应反转 1/4 圈,以便切屑断落,如图 2-78 所示。搬动铰杠两手要用力均匀平衡,不要用力过猛或左右晃动,以防牙型撕裂或螺孔扩大。

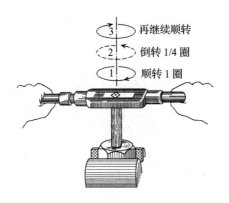

图 2-78　起攻后攻螺纹方法

(7)攻螺纹时,必须按头攻、二攻、三攻的顺序攻削到标准尺寸。

注意事项:

在不通孔上攻制有深度要求的螺纹时,可根据所需螺纹深度在丝锥上做好标记,避免因切屑堵塞而使攻螺纹达不到深度要求。要经常退出丝锥,排除孔中的切屑。当要攻到孔底时,更应及时排出孔底的切屑,以免攻到底时丝锥被扎住;

攻通孔螺纹时,丝锥校准不应全部攻出头,否则会扩大或损坏孔口最后几牙螺纹;

丝锥退出时,应先用铰杠带动螺纹平稳的反向转动,当能用手直接旋动丝锥时,应停止使用铰杠,以防止铰杠带动丝锥退出时产生摇摆和振动,破坏螺纹的粗糙度;

在攻螺纹的过程中,换用另一根丝锥时,应该用手握住旋入已攻出的螺孔中,直到用手旋不动时,再用铰杠进行攻螺纹;

在攻材料硬度比较高的螺孔时,应头锥二锥交替攻制,这样可以减轻头锥切削部分的负荷,防止丝锥折断;

攻钢料工件时,加机油润滑可使螺纹光洁,并能延长丝锥使用寿命;对铸铁件,可加煤油润滑。以减少切削阻力和提高螺孔的表面质量,延长丝锥的使用寿命;

攻盲孔(不通孔)的螺纹时,由于丝锥切削部分有锥角,丝锥不能攻到底,导致端部不能切出完整的牙型,所以孔的深度要大于螺纹长度,盲孔深度可按下列公式计算,即钻孔深度 $H=$ 所需螺孔的深度 $+0.7D$,(D——螺纹大径(即螺纹公称直径)。

2.5.6　套丝

教学目标:指导学生了解套螺纹的相关知识,掌握套螺纹的相关工作要领。

套螺纹:用板牙在圆杆上切出外螺纹的加工方法称为套螺纹(也叫套丝)。如图 2-79 所示。

套螺纹工具:板牙、板牙架。

板牙:是加工外螺纹的工具,用合金工具钢 9SiCr 或高速钢制作并经淬火回火处理。其外形像一个圆螺母,只是上面钻有几个排屑孔,并形成刀刃,如图 2-80 所示。

板牙由切削部分、定径部分、排屑孔(一般有三四个)组成。排屑孔的两端有 60°的锥

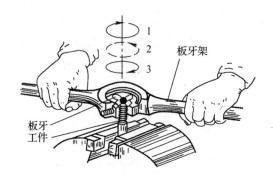

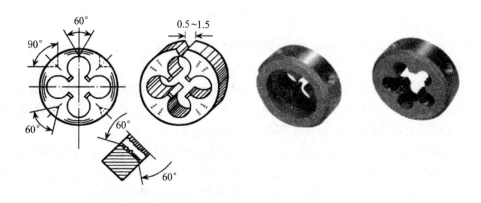

图 2-79　套螺纹

图 2-80　板牙

度,起着主要的切削作用。定径部分起修光作用。板牙的外圆有一条深槽和 4 个锥坑,锥坑用于定位和紧固板牙,当板牙的定径部分磨损后,可用片状砂轮沿槽将板牙切割开,借助调紧螺钉将板牙直径缩小。

板牙架:用来夹持板牙、传递扭矩的工具。工具厂按板牙外径规格制造了各种配套的板牙架,供选用。板牙放入后,用螺钉紧固。如图 2-81 所示。

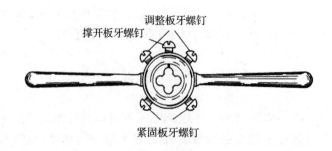

图 2-81　板牙架

套螺纹的操作方法:

(1)套螺纹前圆杆直径的确定。与丝锥攻螺纹一样,用板牙在工件上套螺纹时,工件材料同样因挤压而变形,牙顶将被挤高一些。因此,套螺纹前圆杆直径应稍小于螺纹的大径

（公称直径）。圆杆外径太大，板牙难以套入；太小，套出的螺纹牙形不完整。计算圆杆直径的经验公式为：

$$d_\circ \approx d - 0.13P$$

$$d_\circ \text{——圆柱杆直径(mm)；}$$

$$d \text{——螺纹大径(mm)；}$$

$$P \text{——螺距(mm)。}$$

（2）圆杆端面应倒成一定角度的锥角。为使板牙切削部分容易对准工件中心、便于切入工件，以及板牙端面与圆钢轴线保持垂直，圆杆端面应倒成 $15°\sim20°$ 的锥角。如图 2-82 所示。

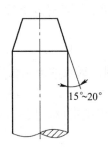

15°~20°

图 2-82　圆杆端面倒成锥角

（3）套螺纹时把圆杆夹在虎钳中，要保持基本垂直，工件伸出钳口的长度，在不影响螺纹要求长度的前提下，应尽量短些。

（4）套螺纹时，切削力矩很大。工件为圆杆形状，圆杆不易夹持牢固，所以要用硬木的 V 形块或铜板作衬垫，才能牢固地将工件夹紧，在加衬垫时圆杆套螺纹部分离钳口要尽量近些。如图 2-83 所示。

图 2-83　套螺纹时工件夹持

（5）板牙装在板牙架内，用顶丝紧固。开始套丝是要使板牙的端面和圆杆中心线保持垂直，要用手掌按住板牙中心，适当施加压力并转动板牙架。切入 $1\sim2$ 圈后，目测检查、校正板牙位置，切入 $3\sim4$ 圈时，应停止加压，以免损坏螺纹和板牙。板牙每正转 $1/2\sim1$ 圈时，要倒转 $1/4$ 圈以折断切削。如图 2-84 所示。

本单元的训练任务五：攻、套螺纹技能训练。

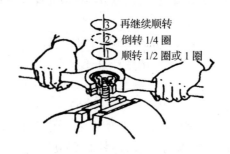

图 2-84　套螺纹的方法

任务要求:攻、套下图所示的六角螺母和双头螺栓,其中六角螺母的材料为 35♯钢,双头螺栓材料为 Q235。

操作步骤:

(1)攻螺纹:按照图样尺寸要求划出螺纹的加工位置线,按规定钻螺纹底孔,并对两端孔口进行倒角;按照攻螺纹的操作要点攻 M10 的螺纹,并要用相应的螺钉进行配检。

(2)套螺纹:按照图样尺寸下料,按规定两端倒角;按照套螺纹的操作要点套攻 M10 的螺钉,并用相应的螺母螺钉进行配检。

注意事项:

在钻 M10 的螺纹底孔时要用钻床,必须先熟悉钻床的使用、调整方法,然后再进行加工,并注意钻床的安全操作;

起攻、起套时,要从六个以上的方向进行垂直度的及时调整,这是保证攻、套螺纹质量的一个重要环节,特别是在套螺纹时,因为板牙切削部分的锥度较大,起套时的导向性差,容易产生歪斜,从而影响套螺纹的质量;

起攻、起套的正确性以及攻、套螺纹时能控制两手用力均匀和掌握用力限度,是攻、套螺纹的基本功之一,必须用心掌握;

训练前要熟悉攻、套螺纹中常出现的问题及其产生的原因,避免在练习中产生废品。

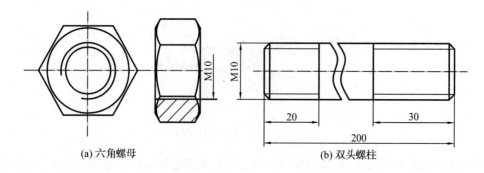

(a)六角螺母　　　　　　　　　　　　(b)双头螺柱

训练任务五:六角螺母和双头螺栓

练习记录及评分标准:攻、套螺纹练习评分见表 2-14。

表 2-14　攻、套螺纹练习评分表

攻、套螺纹练习评分表　　　姓名：　　　总得分：

序号	项目与技术要求	实测记录		单次配分	得分
1	螺纹牙型尺寸正确			40	
2	螺纹垂直度			20	
3	螺纹光表面粗糙度			20	
4	螺纹长度			10	
5	安全文明生产			10	
6	时间定额 2 小时	开始时间		每超过 10 分钟扣 2 分	
		结束时间			
		实际工时			

2.6　燕尾样板制作训练

燕尾样板制作训练共 6 学时，具体内容如表 2-15 所示。

表 2-15　燕尾样板制作训练

步骤	教学内容	教学方法	教学手段	学生活动	时间分配
教师示范，同学练习，阶段点评课，从中进行分析	对于燕尾样板的制作成形过程中，按照图纸尺寸要求，会使用量具进行加工质量检测，要求得到的复形样板的尺寸中至少 80% 以上达到图纸要求。	以小组为单位领取作业所需的工具和材料，安排好各小组的工位场地。	安排学生以小组为单位进行讨论，要求每个成员提出自己加工工艺。	个别回答	10 分钟
引入（任务五：燕尾样板制作训练）	集中学生进行作业任务书的细致讲解，提出具体考核目标和要求。	按照学习小组下发任务书，讲解，提出具体考核目标和要求。	教师参与各小组的讨论，提出指导性意见或建议。	小组讨论代表发言互相点评	30 分钟
操练	分析燕尾样板的零件图中的尺寸关系，画好线后，进行锯削，然后进行锉削，钻孔，光整。	安排各小组选派代表陈述本小组制定的制作思路，提出存在的问题。	要求各小组确定最终工艺方法。	学生模仿	60 分钟

续表

步骤	教学内容	教学方法	教学手段	学生活动	时间分配
深化（加深对基本能力的体会）	按照图纸要求，选择制作工具，进行制作。	各小组实施加工制作作业，教师进行安全监督及指导。	课件板书	学生实际操作个人操作小组操作集体操作	30分钟
归纳（知识和能力）	各小组制作过程中经常进行测量，提出自己的见解。	要求各小组进行阶段总结和互评。	课件板书	小组讨论代表发言	30分钟
训练巩固拓展检验	训练项目：燕尾样板制作。	考察各小组作业完成的进度，观察各位学生的工作态度、劳动纪律、操作技能。	课件板书	个人操作小组操作集体操作	120分钟
总结	各小组对制作结果进行总结、修改。	教师讲授或提问	课件板书		18分钟
作业	作业题、要求、完成时间。				2分钟
后记					

按照2.2中的要求，教师组织同学在第五天完成燕尾样板的制作，每一名同学要完成：燕尾样板实物制作；第二周实训报告；同时进行其他有关孔加工和螺纹加工的技能训练，通过自评、小组互评以及教师考评三个环节的教学实践。从中找到本周同学实训中存在的问题，便于在第三周实训中改进与提高。

教学目标：指导学生了解光整加工的相关知识，掌握光整加工的相关工作要领。

一、刮削

刮削是用刮刀在已加工的工件表面上刮去一层很薄的金属，以提高形状精度和配合面之间配合精度的一种刀具精密加工方法。刮削时刮刀对工件既有切削作用，又有压光作用，刮削是精加工的一种方法。刮削多用于单件小批生产以及修理工作中加工导轨平面、标准平板、平尺及滑动轴承的工作面等；还用于修饰加工，以增加机械设备的美观程度。

刮削原理：将工件与校准工具或与其相配合的工件之间涂上一层显示剂，经过对研，使工件上较高的部位显示出来，然后用刮刀进行微量刮削，刮去较高部位的金属层。

刮削的特点：

(1)刮削能使工件得到较高的精度,如长度、角度、平面度及平行度等,Ra 值可达 0.8~0.4μm,甚至 0.2μm,直线度可达 0.01mm/m。

　　(2)刮削过程中施加在工件上的外力很小,刮削量很小,产生的热量低,不会引起工件的变形。

　　(3)刮削的表面接触点分布均匀,接触精度较高,能形成存油空隙、减少摩擦阻力、提高工件的耐磨性、延长使用寿命。

　　(4)刮削是手工操作,不受工件安放位置和大小的限制,加工自由度较大。

　　(5)刮削劳动强度大,操作技术要求高,生产率低。

　　刮削种类:刮削分为平面刮削和曲面刮削两种。

　　平面刮削:有单个平面刮削(如平板、工作台面等)和组合平面刮削(如 V 形导轨面、燕尾槽面等)两种。

　　曲面刮削:有内圆柱面、内圆锥面和球面刮削等。

　　刮削工具:

　　(1)刮刀:刮刀是刮削工作中的主要工具,要求刀头部分有足够的硬度和刃口锋利。常用 T10A、T12A 和 GCr15 钢制成,也可在刮刀头部焊上硬质合金以刮削硬金属。

　　刮刀的种类及用途:根据刮削面形状的不同,刮刀可分为平面刮刀和曲面刮刀两种。

　　平面刮刀用于刮削平面和刮花,可分为粗刮刀、细刮刀和精刮刀三种。常用的平面刮刀有直头和弯头两种。如图 2-85 所示。

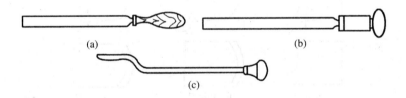

图 2-85　平面刮刀形状

　　曲面刮刀用于刮削曲面,有多种形状,常用三角刮刀、蛇头刮刀和柳叶刮刀。如图 2-86 所示。

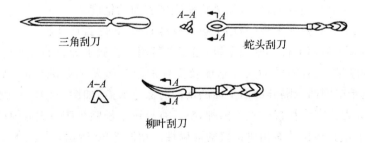

图 2-86　曲面刮刀形状

　　平面刮刀的刃磨:

　　粗磨:粗磨是在砂轮上进行的,如图 2-87 所示。刃磨时用水冷却,以免刮刀发热变形。

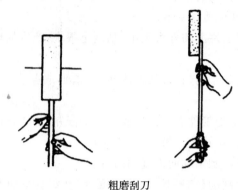

粗磨刮刀

图 2-87　粗磨刮刀

精磨：刮刀经过粗磨后，刀刃留下了极细微的凹痕或毛刺且不够锋利，必须在油石上进行精磨。

刃磨刮刀顶端面时，应该按照粗刮刀、细刮刀、精刮刀的不同，磨出不同的楔角，如图 2-88 所示。

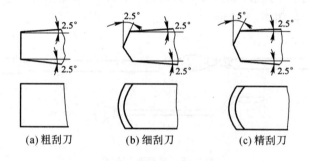

(a)粗刮刀　　　　(b)细刮刀　　　　(c)精刮刀

图 2-88　刮刀头部的形状和角度

（2）校准工具：校准工具是用来推磨研点和检查被刮面准确性的工具，也称为研具。

校准工具的用途是：一是用来与刮削表面磨合，以接触点子多少和疏密程度来显示刮削平面的平面度。提供刮削依据；二是用来检验刮削表面的精度。

常用的校准工具有校准平板（通用平板）、校准直尺、角度直尺 3 种。

校准平板：分为通用平板和专用平板，通用平板用于检验平导轨的直线度和两平导轨的平行度，可作为测量、检查零件的尺寸精度及零件的形位偏差的基准平面，如图 2-89（a）所示；专用平板用于中间凸台隔开的两平面的刮削时涂色研点，如图 2-89（b）所示。

校正直尺分为工字形和桥式直尺两种，桥式直尺用于校验机床较大导轨的直线度；双面工字形直尺用于校验狭长平面相对位置的准确性。如图 2-90 所示。

角度直尺用于校验两个刮面成角度的组合平面，如燕尾导轨的角度。如图 2-91 所示。

（3）显示剂：工件和校准工具对研时，所加的涂料称为显示剂，其作用是显示工件刮削表面误差的位置和大小。

种类：

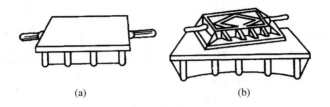

(a)　　　　　　　　　　　(b)

图 2-89　校准平板

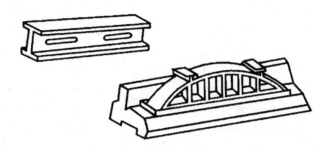

图 2-90　校准直尺

图 2-91　角度直尺

①红丹粉：分铅丹（氧化铅，呈橘红色）和铁丹（氧化铁，呈红褐色）两种，颗粒较细，用机油调和后使用，广泛用于钢和铸铁工件。

②蓝油：用蓝粉和蓖麻油及适量机油调和而成，呈深蓝色，显示的研点小而清楚，多用于精密工件和有色金属及其合金工件。

用法：刮削时，显示剂可以涂在工件表面上，也可以涂在校准件上。

显点的方法及注意事项：

①中、小型工件：一般是校准平板固定不动，工件被刮面在平板上推研。

②大型工件：若是工件的被刮面长度大于平板若干倍（如机床导轨）的显点，则将工件固定，平板在工件的被刮面上推研。

③形状不对称工件：推研时应在工件某个部位托或压，用力的大小要适当、均匀。

④薄板工件：薄板工件因厚度薄、刚性差，易产生变形，所以只能靠其自身的重量在平板

上推磨。

刮削余量与精度：

（1）刮削余量的选择

由于刮削操作劳动强度很大，所以要求工件在机械加工后留下的刮削余量不宜太大，一般为 0.05～0.4mm。具体数值见表 2-16。

表 2-16　刮削余量

平面的刮削余量（mm）				
平面宽度	平面的刮削余量（mm）			
	100～500	500～1000	1000～2000	2000～4000	4000～6000
100 以下	0.10	0.15	0.20	0.25	0.30
100～500	0.15	0.20	0.25	0.30	0.40

孔的刮削余量			
孔径	孔长		
	100 以下	100～200	200～300
80 以下	0.05	0.08	0.12
80～180	0.10	0.15	0.25
180～360	0.15	0.20	0.35

（2）刮削精度的要求

刮削精度一般包括：形状和位置精度，尺寸精度、接触精度及贴合精度、表面粗糙度等。刮削精度常用刮削研点（接触点）的数目来表示，其标准为在边长为 25mm 的正方形面积内研点的数目来表示（数目越多，精度越高）。各种平面接触精度的研点数见表 2-17。

表 2-17　各种平面接触精度研点数

平面种类	每 25mm×25mm 内的研点数	刮削前工件表面粗糙度 $Ra(\mu m)$	应用举例
超精密平面	＞25	3.2	0 级平板、高精度机床导轨、精密量具
精密平面	20～25	3.2	1 级平板，精密量具
	16～20	6.3	精密机床导轨，精密滑动轴承，直尺
一般平面	12～16	6.3	机床导轨及导向面，工具基准面，量具基准面
	8～12	6.3	机器台面，一般基准面，机床导向面，密封结合面
	5～8	6.3	一般结合面
	2～5	6.3	较粗糙机件的固定结合面

刮削方法：

（1）平面的刮削方法

手推式：刮削时右手握住刮刀柄，左手四指向下卷曲握住刀杆距刀口 50～75mm 处，刮刀与被刮削工件表面成 25°～30°角。适用于加工量不大的场合，如图 2-92 所示。

挺刮法：刮削时将刮刀柄放在小腹右侧肌肉处，左手在前，右手在后，握住刀身离刀口 80mm 处，利用腿力和腰部的力量向前推挤，双手向下压刮刀并掌握方向，当推进到所需距离后，用双手迅速将刮刀提起，完成一个刮削动作。适用于大余量的刮削场合，如图 2-93 所示。

图 2-92　手推式

图 2-93　挺刮法

拉刮法：刮削时右手抓住刀柄用力向后拉，左手紧握刀杆部分往下压，适用于凹槽平面刮削。如图 2-94 所示。

肩挺法：刮削时刀柄顶在右肩处，双手握住刀杆距离刀口约 80mm 处，同时用右手和上身的力量向前挺刮，双手下压刀杆到所需距离后，迅速将刮刀提起，这样就完成了一个肩挺刮削动作，适用于刮削工件较高而面积不太大的场合。如图 2-95 所示。

图 2-94　拉刮法

图 2-95　肩挺法

（2）平面的刮削步骤

平面刮削一般要经过粗刮、细刮、精刮和刮花四个步骤。

首先，粗刮是用粗刮刀在刮削面上均匀地铲去一层较厚的金属，可以采用连续推铲的方法，刀迹要连成长片。25mm×25mm 的方框内有 2～3 个研点。

其次,细刮是用精刮刀在刮削面上刮去稀疏的大块研点(俗称破点),每 25mm×25mm 的方框内有 12～15 个研点。

第三,精刮就是用精刮刀更仔细地刮削研点(俗称摘点),每 25mm×25mm 的方框内有 20 个以上研点。

第四,刮花是在刮削面或机器外观表面上用刮刀刮出装饰性花纹。常见的花纹有斜花纹、鱼鳞花纹和半月花纹三种。如图 2-96 所示。

(a)斜花纹　　　　　　　　(b)鱼鳞花纹　　　　　　　　(a)半月花纹

图 2-96　花纹种类

(3)曲面刮削

曲面刮削有内圆柱面刮削、内圆锥面刮削和球面刮削等。如图 2-97 所示。

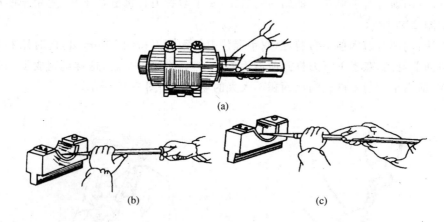

图 2-97　曲面刮削种类

(4)刮削质量的检查

刮削精度包括尺寸精度、形状和位置精度、接触精度、贴合程度及表面粗糙度等。

(5)刮削质量问题及其产生的原因

刮削中常见的质量问题有深凹痕、振痕、丝纹和表面形状不精确等。常见刮削问题及消除办法见表 2-18。

表 2-18 常见刮削问题及消除办法

问题	原因	消除方法
研点变少、变尖	粗刮时刀花太狭窄；操作不熟练，刮刀刮不到研点上。	将刮刀圆弧半径磨大，粗刮时刀花要宽；加强基本功训练，刮刀一定要刮在研点上，而且要有轻有重；将刮刀放平削一遍尖点。
研点出现有规律的排列	采用长刮法，粗刮的刀痕没有消除就转入了细刮。	采用点刮法粗刮，刀花不要长，交叉点刮数遍至研点变成没有规律的排列后，再转入细刮。
局部没点	粗刮时局部刮亏，被刮面没有出现研点就转入了细刮。	采用点刮法粗刮，直到在被刮面上消除局部没点后再细刮。
刮削面上出现滑道	研点时夹有沙粒、铁屑等杂质，或显示剂不清洁。	研点时清除沙粒或铁屑等杂质，选择清洁的显示剂。

二、研磨

研磨是指用研磨工具和研磨剂，从工件上研去一层极薄表面层的精加工方法。研磨是一道精加工工序，经过研磨后的表面粗糙度 Ra 为 $0.8\sim0.05\mu m$。

研磨原理：研磨是以物理和化学作用除去零件表层金属的一种加工方法，因而包含着物理和化学的综合作用。

研磨的特点和作用是：

(1)研磨可以活得用其他方法难以达到的高尺寸精度和形状精度。

(2)磨粒在工件表面不重复先前运动轨迹，易于切去加工表面凸峰，容易活得极小的表面粗糙度。

(3)经过研磨后的零件提高加工表面的耐磨性、抗腐蚀性及疲劳强度，从而延长了零件的使用寿命。

(4)加工方法简单，不需要复杂设备，但加工效率较低。

研磨余量：

研磨是切削量很小的精密加工，每研磨一遍所能磨去的金属层不超过 0.002mm，在 0.005～0.030mm 之间。

(1)被研磨工件的几何形状和尺寸精度要求。

(2)上道加工工序的加工质量。

(3)根据实际情况来考虑。

研具与研磨剂：

研具：研磨用的工具。

研磨工具的材料：材料的组织要细致均匀，要有很高的稳定性和耐磨性，研具工作面的硬度应比工件表面硬度稍软，具有较好的嵌存磨料的性能。

常用的研磨工具的材料：

(1)灰铸铁；

(2)球墨铸铁；

(3)软钢；

(4)铜。

研磨工具的类型：

(1)研磨平板如图 2-98 所示。

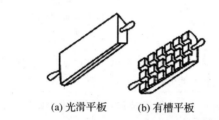

(a) 光滑平板　　(b) 有槽平板

图 2-98　研磨平板

(2)研磨环如图 2-99 所示。

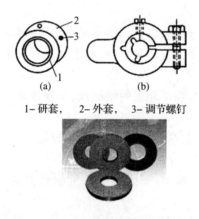

1- 研套，　2- 外套，　3- 调节螺钉

图 2-99　研磨环

(3)研磨棒如图 2-100 所示。

研磨剂：研磨剂是由磨料和研磨液调和而成的混合剂。

磨料：分为氧化物磨料、碳化物磨料、金刚石磨料。

研磨液：研磨液在研磨中起调和磨料、冷却和润滑的作用。研磨液应具备以下条件：

(1)有一定的黏度和稀释能力。磨料通过研磨液的调和均匀分布在研具表面,并具有一定的黏附性,这样才能使磨料对工件产生切削作用。

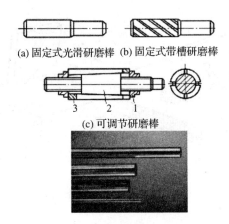

(a) 固定式光滑研磨棒 (b) 固定式带槽研磨棒

(c) 可调节研磨棒

图 2-100 研磨棒

(2)具有良好的润滑、冷却作用。

(3)对操作者健康无害,对工件无腐蚀作用,且易于洗净。

研磨方法:

(1)平面研磨

一般平面研磨:研磨前,先将研磨平板和工件的表面用煤油清洗,擦净后均匀地涂上磨料,然后把工件放在研磨平板上,用手按住进行研磨,研磨时工件按螺旋形或 8 字形轨迹运动。如图 2-101 所示。

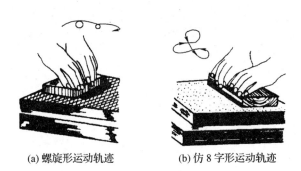

(a) 螺旋形运动轨迹   (b) 仿 8 字形运动轨迹

图 2-101 一般平面研磨方法

狭窄平面研磨:对于狭窄工件,可采用研磨直尺,即像用锉刀打磨锉削面一样的操作方法,但是工件两边必须用导尺保证研磨直尺的正确运动。如图 2-102 所示。

(2)圆柱面研磨:研磨外圆表面,一般在车床、钻床或磨床上进行,研具是研磨环,其孔径比工件的外圆直径大 0.025~0.05mm,长度为孔径的 1~2 倍。如图 2-103 所示。

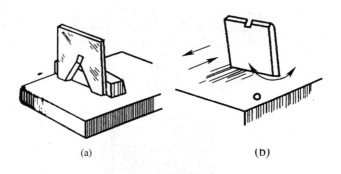

(a)　　　　　　　(b)

图 2-102　狭长平面研磨方法

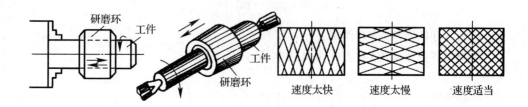

图 2-103　工件外圆的研磨

　　教师指导同学进行刮削和研磨技能训练,以便在下一步模具制作过程中制作出合格零件。

高级篇

第3章　钳工实训三　冲裁模具工艺编制、毛坯选择

3.1　钳工实训三说明

钳工实训三说明，如表 3-1 所示。

表 3-1　钳工实训三说明

实训名称	实训三 冲裁模具工艺编制、毛坯选择(分成 4 组，每组 8～9 个同学)	
实训 内容描述	按照钳工高级工考核要求，进行冲裁模具工艺编制、毛坯选择训练，第三周要求要按照整套模具，分成各个零部件，编排加工工艺，进行毛坯选择，提交冲裁模具工艺编制实训报告	
教学 目标	1. 专业技能 　按照指定工作台，进行冲裁模具部件分类，功能解析，编制加工工艺路线，选择毛坯，进行划线练习；进行锯削、锉削练习，熟练使用手锯和各种锉的使用方法； 2. 方法能力 　按照发放的产品零件图要求，各小组进行凸、凹模回火后磨两个平面练习，线切割加工练习；按照发放的产品零件图要求，各小组进行卸料板、凹模板、空心垫板、推件块、凸凹模固定板等加工；完成凸凹模 1 件、卸料板 1 件、凹模板 1 件、空心垫板 1 件、推件块 1 件、凸凹模固定板 1 件的钳加工，完成凸模 1 件的车工加工，完成空心垫板小台电火花加工，完成下垫板 1 件、上垫板 1 件、凸模固定板 1 件的钻孔以及平面磨削加工；各小组对于加工过程的注意事项进行体会与总结。 3. 社会能力 　按照企业职场要求，进行安全生产，团队协作，对设备和量具正确维护和使用，每日完毕必须清理现场，做到卫生合格。	
贯穿实训 过程中的 知识要点	1. 能够进行凸、凹模回火后磨两个平面练习，线切割加工练习； 2. 按照发放的产品零件图要求，各小组进行卸料板、凹模板、空心垫板、推件块、凸凹模固定板等加工； 3. 完成凸凹模 1 件、卸料板 1 件、凹模板 1 件、空心垫板 1 件、推件块 1 件、凸凹模固定板 1件的钳加工，完成凸模 1 件的车工加工，完成空心垫板小台电火花加工； 4. 完成下垫板 1 件、上垫板 1 件、凸模固定板 1 件的钻孔以及平面磨削加工； 能够按图样要求钻复杂工件上的小孔、斜孔、深孔、盲孔、多孔、相交孔； 5. 掌握模具钳工的基本操作技能。	
师资能力和 数量要求	校内教师：	企业技术人员：

续表

实训名称	实训三 冲裁模具工艺编制、毛坯选择(分成 4 组,每组 8~9 个同学)
硬件 条件	设备清单数量:台虎钳、钻床、砂轮机、线切割、电火花
教学 组织	1. 讲解凸、凹模的加工方法; 2. 学生操作机床加工零件; 3. 各小组自己完成凸、凹模的淬火、回火; 4. 按照发放的产品零件图要求,各小组进行凸、凹模回火后磨两个平面练习,线切割加工练习; 5. 按照发放的产品零件图要求,各小组进行卸料板、凹模板、空心垫板、推件块、凸凹模固定板等加工; 6. 完成凸凹模 1 件、卸料板 1 件、凹模板 1 件、空心垫板 1 件、推件块 1 件、凸凹模固定板 1件的钳工加工,完成凸模 1 件的车工加工,完成空心垫板小台电火花加工,完成下垫板 1件、上垫板 1 件、凸模固定板 1 件的钻孔以及平面磨削加工; 7. 各小组对于加工过程的注意事项进行体会与总结。
准备 工作	1)资料:冲裁模具零件图 1 套,4 份,每小组 1 份; 2)软件:CAD 3)低值耐用品、工具:游标卡尺、直角尺、手锯、锉、划针、划线盘、划规、涂色料、样冲。 4)消耗材料: 表格见下

材料	尺寸(mm)	重量(kg)
下模座板	125×125×35	25.56
凸凹模	64×42×30	4.8
上垫板	125×125×8	10.24
推件块	69×32×20	3.12
凸模	$\phi 11×40$	0.544
上模座板	125×125×30	22.76
凸模固定板	125×125×14	13.64
空心垫板	125×125×12	12.52
卸料板	125×125×10	11.36
凸凹模固定板	125×125×14	13.64
下垫板	125×125×6	2.2784

实施 地点	
实训教学 评价方式	每个小组要按照教学进度要求完成上述工作,以实物完成的结果和数量以及完成的质量进行考核,同时要针对各位同学在其中完成的具体工作,进行评估
合作 企业 名称 承担 任务	
备注	

3.2 所加工的模具零件所需的毛坯的选材

所加工的模具零件所需的毛坯的选材共 6 学时,具体内容如表 3-2 所示。

表 3-2 所加工的模具零件所需的毛坯的选材

步骤	教学内容	教学方法	教学手段	学生活动	时间分配
教师示范,同学练习,阶段点评课,从中进行分析	按照钳工高级工考核要求,进行冲裁模具工艺编制、毛坯选择训练,要按照整套模具,分成各个零部件,编排加工工艺,进行毛坯选择,提交冲裁模具工艺编制实训报告。	以小组为单位领取作业所需的工具和材料,安排好各小组的工位场地。	安排学生以小组为单位进行讨论,要求每个成员提出自己加工工艺。	个别回答	10 分钟
引入(任务一:所加工的模具零件所需的毛坯的选材)	按照指定工作台,进行冲裁模具部件分类,功能解析,编制加工工艺路线,选择毛坯,工艺编排。	按照学习小组下发任务书,讲解,提出具体考核目标和要求。	教师参与各小组的讨论,提出指导性意见或建议。	小组讨论代表发言互相点评	30 分钟
操练	按照发放的产品零件图要求,各小组进行凸、凹模回火后磨两个平面练习,线切割加工练习;按照发放的产品零件图要求,各小组进行卸料板、凹模板、空心垫板、推件块、凸凹模固定板等加工工艺编排。	安排各小组选派代表陈述本小组制定的制作思路,提出存在的问题。	要求各小组确定最终工艺方法。	学生模仿	60 分钟

续表

步骤	教学内容	教学方法	教学手段	学生活动	时间分配
深化（加深对基本能力的体会）	按照发放的产品零件图要求，各小组进行卸料板、凹模板、空心垫板、推件块、凸凹模固定板等加工。	各小组实施加工制作作业，教师进行安全监督及指导。	课件板书	学生实际操作个人操作小组操作集体操作	30分钟
归纳（知识和能力）	各小组制作过程中经常进行测量，提出自己的见解。	要求各小组进行阶段总结和互评。	课件板书	小组讨论代表发言	30分钟
训练巩固拓展检验	训练项目：所加工的模具零件所需的毛坯的选材。	考察各小组作业完成的进度，观察各位学生的工作态度、劳动纪律、操作技能。	课件板书	个人操作小组操作集体操作	120分钟
总结	各小组对制作结果进行总结、修改。	教师讲授或提问	课件板书		18分钟
作业	作业题、要求、完成时间。				2分钟
后记					

　　通过一周实训对所要加工模具的零件的制作进行毛坯尺寸选择、加工工艺路线制定，提交加工工艺卡片，这个教学单元主要解决模具零件制作过程的各种工艺问题，以便在下一周实际加工中顺利完成任务。

表 3-3　工作准备阶段

准备工作	1. 资料：要加工的模具零件图，每小组一份； 2. 软件：CAD； 3. 低值耐用品、工具：游标卡尺、直角尺、手锯、锉、划针、划线盘、划规、涂色料、样冲； 4. 消耗材料：原料。

实训要求：

（1）按照学习小组为单位分发作业任务书；

（2）组织学生进行分组，可以自由组合也可以教师指定，每组指定小组长；

（3）教师集中进行作业任务书说明，对所需的知识进行讲解，对主要操作要领进行示范，提出安全和具体考核目标和要求；

（4）教师提供相应技术资料，也可以组织有关同学进行检索；

（5）每个同学对于整套模具的各个零件要给出自己的毛坯材料和尺寸，教师分头进行点评。

3.3　所加工的模具零件所需的加工工艺的制定

所加工的模具零件所需的加工工艺的制定共 18 学时,具体内容如表 3-4 所示。

表 3-4　所加工的模具零件所需的加工工艺的制定

步骤	教学内容	教学方法	教学手段	学生活动	时间分配
教师示范,同学练习,阶段点评课,从中进行分析	按照钳工高级工考核要求,进行冲裁模具工艺编制、毛坯选择训练,要按照整套模具,分成各个零部件,编排加工工艺,进行毛坯选择,提交冲裁模具工艺编制实训报告。	以小组为单位领取作业所需的工具和材料,安排好各小组的工位场地。	安排学生以小组为单位进行讨论,要求每个成员提出自己加工工艺。	个别回答	10 分钟
引入(任务二:所加工的模具零件所需的加工工艺的制定)	集中学生进行作业任务书的细致讲解,提出具体考核目标和要求。	按照学习小组下发任务书,讲解,提出具体考核目标和要求。	教师参与各小组的讨论,提出指导性意见或建议。	小组讨论代表发言互相点评	30 分钟
操练	完成凸凹模 1 件、卸料板 1 件、凹模板 1 件、空心垫板 1 件、推件块 1 件、凸凹模固定板 1 件的钳工加工,完成凸模 1 件的车工加工,完成空心垫板小台电火花加工,完成下垫板 1 件、上垫板 1 件、凸模固定板 1 件的钻孔以及平面磨削加工工艺编排;各小组对于加工过程的注意事项进行体会与总结。	安排各小组选派代表陈述本小组制定的制作思路,提出存在的问题。	要求各小组确定最终工艺方法。	学生模仿	600 分钟

续表

步骤	教学内容	教学方法	教学手段	学生活动	时间分配
深化（加深对基本能力的体会）	每个小组要按照教学进度以完成的结果和数量以及完成的质量进行考核，同时要针对各位同学在其中完成的具体工作，进行评估。	各小组实施加工制作作业，教师进行安全监督及指导。	课件板书	学生实际操作个人操作小组操作集体操作	90分钟
归纳（知识和能力）	各小组制作过程中经常进行测量，提出自己的见解。	要求各小组进行阶段总结和互评。	课件板书	小组讨论代表发言	30分钟
训练巩固拓展检验	训练项目：所加工的模具零件所需的加工工艺的制定。	考察各小组作业完成的进度，观察各位学生的工作态度、劳动纪律、操作技能。	课件板书	个人操作小组操作集体操作	120分钟
总结	各小组对制作结果进行总结、修改。	教师讲授或提问	课件板书		18分钟
作业	作业题、要求、完成时间。				2分钟
后记					

通过一周实训完成所有模具零件的加工工艺制定，要求每个小组积极进行讨论，通过学习讨论，增强钳工加工模具零件工艺过程以及加工工艺的认识，明确每个人的加工工艺制定以及零件的制作质量不仅是个人的事情，更是本组的事情，直接涉及本组的整套模具的装配质量，因此要求同学一定要认真学习，积极探讨，提出每个同学加工工艺思想并以报告形式提交。本环节主要考核同学协作精神和团队能力。

3.4 所加工的模具零件所需的加工工艺卡制定

所加工的模具零件所需的加工工艺卡制定共6学时，具体如表3-5所示。

表 3-5　所加工的模具零件所需的加工工艺卡制定

步骤	教学内容	教学方法	教学手段	学生活动	时间分配
教师示范,同学练习,阶段点评课,从中进行分析	按照钳工高级工考核要求,进行冲裁模具工艺编制、毛坯选择训练,要按照整套模具,分成各个零部件,编排加工工艺,进行毛坯选择,提交冲裁模具工艺编制实训报告。	以小组为单位领取作业所需的工具和材料,安排好各小组的工位场地。	安排学生以小组为单位进行讨论,要求每个成员提出自己加工工艺。	个别回答	10分钟
引入(任务三:所加工的模具零件所需的加工工艺卡)	集中学生进行作业任务书的细致讲解,提出具体考核目标和要求。	按照学习小组下发任务书,讲解,提出具体考核目标和要求。	教师参与各小组的讨论,提出指导性意见或建议。	小组讨论代表发言互相点评	30分钟
操练	完成凸凹模1件、卸料板1件、凹模板1件、空心垫板1件、推件块1件、凸凹模固定板1件的钳工加工工艺编排,完成凸模1件的车工加工,完成空心垫板小台电火花加工,完成下垫板1件、上垫板1件、凸模固定板1件的钻孔以及平面磨削加工工艺编排;各小组对于加工过程的注意事项进行体会与总结。	安排各小组选派代表陈述本小组制定的制作思路,提出存在的问题。	要求各小组确定最终工艺方法。	学生模仿	60分钟
深化(加深对基本能力的体会)	每个小组要按照教学进度以完成的结果和数量以及完成的质量进行考核,同时要针对各位同学在其中完成的具体工作,进行评估。	各小组实施加工制作作业,教师进行安全监督及指导。	课件板书	学生实际操作个人操作小组操作集体操作	30分钟
归纳(知识和能力)	各小组制作过程中经常进行测量,提出自己的见解。	要求各小组进行阶段总结和互评。	课件板书	小组讨论代表发言	30分钟

续表

步骤	教学内容	教学方法	教学手段	学生活动	时间分配
训练 巩固 拓展 检验	训练项目：所加工的模具零件所需的加工工艺卡。	考察各小组作业完成的进度，观察各位学生的工作态度、劳动纪律、操作技能。	课件 板书	个人操作 小组操作 集体操作	120分钟
总结	各小组对制作结果进行总结、修改。	教师讲授或提问	课件 板书		18分钟
作业	作业题、要求、完成时间。				2分钟
后记					

在完成本单元的实训任务后，每个组的同学都要对即将加工的模具结构和零件的毛坯选择、加工工艺做到心中有数，并提交自己的加工工艺卡，经过阶段答辩，通过后进入下一环节实训。表3-6为实训中同学提交工艺卡的例子。

表3-6　工艺卡片

天津职业大学 机电学院模具专业		模具加工工艺卡片		产品名称 产品型号	上垫板	图号 第 1 页　共 1 页	
材料名称及规格	T8 钢 135×135×12	材料技术要求		每毛坯可制件数	1	辅助材料	
序号	工序名称	作业内容及要求		工装及设备	工时	备注	加工简图
1	备料	毛坯尺寸 135×135×12					
2	刨六面,对角尺	刨成六面体，并保证尺寸 125.6×1256×8.6。其中给两次磨削留的余量为0.6mm		牛头刨床			
3	磨六面，对角尺	保证尺寸 125.2×125.2×8.2，保证一相交边，给划线做准备。		磨床			
4	钳工	选着一对基准边划线，打孔、铰孔：①用划线平板与高度尺按图纸要求画出型孔中心线、销钉孔的中心线。②找出型孔中心，用冲子打十字冲眼，③按照图纸要求用台钻钻4×φ11.5的通孔，然后将其校成4×φ12的通孔；在钻2×φ10的销钉孔。		划规，划线平台，等划线工具，台钻；以及相应各个钻头			
5	淬火、回火	为了保证工件强度、硬度要求，必须用淬火才能达到其要求，50~60HRC，最后加一道回火工序。		淬火工具			
6	磨光六面，对角尺	保证尺寸125×125×8mm		磨床			
备注			班级	编制	审核	批准	
				日期	日期	日期	

以下给出模具零件加工的工艺路线仅供参考，教师可以根据自己学校的实际情况进行针对性训练。

首先对于所加工的模具零件进行分类，如图3-0所示。

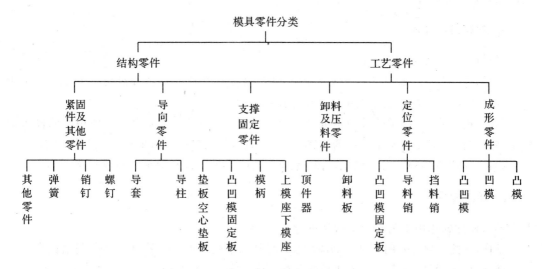

图 3-0　模具零件分类

一、零件主要作用说明

1. 成形零件

凸模:作用是冲出孔,结构分为:整体式,台阶式,固定方式用台肩固定,采用标准件。凸模与凹模固定板之间采用 H7/n6(过渡配合)

凹模:作用是落料凹模。凹模与推件块之间采用 H7/h6(间隙配合),加工难点:由于板料型腔加工困难。

凸凹模:作用是落料凸模冲孔凹模。此模具落料凹模在上方为倒装复合模。凸凹模与凸凹模固定板之间采用 H7/n6(过渡配合),凸凹模与卸料板之间采用 H7/h6(间隙配合);加工难点:凸凹模圆弧部分半径 R 值不好保证,注意凸凹模与推件块落料孔中心位置。

2. 定位零件

挡料销:作用是挡住条料搭边或冲压件轮廓以限制条料的送进距离,采用标准件。

导料销:作用是用来导正材料的送进方向。装配时采用 H7/s6 配合,采用标准件。

3. 卸料及压料零件

卸料板:作用是将冲裁后卡在凸模上或凸凹模上的制件或废料卸掉保证下次冲压正常进行。此模具采用弹性卸料装置,弹性卸料装置具有双重作用卸料和压料,弹性元件为弹簧。加工难点:卸料板型腔加工困难,注意卸料板和凸凹模单边间隙为 $0.1\sim0.2t$,t 为板厚度。

推件块:作用是将制件从凸凹模中推出来。推件块为刚性推件装置,推件块与凹模之间采用 H7/f8(间隙配合),推件块与空心垫板之间采用 H7/h6(间隙配合);加工难点:推件块的凸台加工较困难。

4. 支撑固定零件

上模座、下模座:采用标准件。

模柄:作用是把上模固定在压力机的滑块上同时使模具中心通过滑块压力中心。采用标准件。模柄与上模座之间采用 H7/h6(间隙配合),

凸、凹模固定板:作用凸模固定板是将凸模固定在上模座的正确位置。作用凸凹模固定板是将凸凹模固定在下模座的正确位置。加工难点:凸凹模固定板的型腔加工较困难。

垫板:作用是缓冲压力。加工难点:保证个孔中心位置与其他板中心线重合。

5. 导向零件

导向零件的作用是为了上下模座的导向作用。

导柱:导柱与导套采用 H7h6(间隙配合),导柱与下模座板之间采用 H7/r6(过盈配合)。

导套:放入导柱,导套与上模座板之间采用 H7/r6(过盈配合)。

6. 紧固件与其他零件

螺钉:作用是将各个板紧固在一起。采用标准件。

销钉:作用是定位作用。圆柱销与销孔之间采用 H7/m6(过渡配合),加工时注意销孔的粗糙度。

弹簧:卸料弹簧。采用标准件。

二、加工顺序

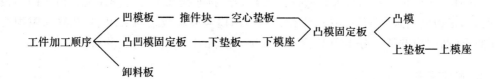

最后将各个件组装在一起,检查是否能正常配合,不适合的地方用钳工修改。

三、总的工艺编排路线

(1)加工凸凹模外形,但不打凹模孔,根据凸凹模配作凹模板,并保证凸凹模与凹模板间隙小于 0.039mm;

(2)根据凸凹模配作凸凹模固定板,并保证其配合为过盈配合;

(3)是加工卸料板,卸料板要与凸凹模保证其配合为间隙配合;

(4)是加工推件块,推件块与凸凹模配作,其台阶处由加工中心铣出;

(5)是加工空心垫板,空心垫板是与推件块配作,要保证其配合为间隙配合;

(6)是加工凸模固定板,凸模固定板中心的凸模孔要与凸凹模中的凹模孔一起打,确保其中心在一条直线上,注意:模具中所有板中的孔包括上下垫板中的孔(螺钉孔、螺纹孔、销钉孔等)都要求最后加工,有的孔要求其表面粗糙度,这样的孔要先打出一个稍小点的底孔,然后再用要求大小的铰刀扩孔。使其表面粗糙度达到要求。其有销钉孔的板要一块打,保证其能准确定位。

凸凹模的加工工艺:见表 3-7 所示。如图 3-1 所示。

表 3-7 凸凹模的加工工艺

序号	工序名	加工内容
1	备料	一般实训可用 T10A 或 45# 代替
2	锻造	锻打成 75mm×38mm×53mm 的矩形料
3	退火	经锻打后的锻件,内部组织发生了变化,存在着极大的内应力,因此为了消除内应力以及为后序加工的方便,必须进行去应力的退火工艺;去应力退火的加热温度为该材料 AC1 点以下 100～200℃,所以此次退火工艺温度定为 600℃,并保温 10 分钟,之后随炉冷却至室温。
4	立铣	铣成六方体
5	线切割	大小孔,穿切割丝,按图形切割加工,留 0.3mm 的余量
6	平磨	保证尺寸,磨平高度两端保证 42mm
7	钳工	划线,冲样,打孔。打孔 2×φ9 通孔,以及 φ7.6 的盲孔,让后 2×φ9 的孔铰为 2×φ10.8 的通孔,以及将 φ7.6 的盲孔铰为 M8 的螺纹孔,最后将 φ10.8 的通孔通孔扩为 2×φ12×29 的孔
8	淬火	当完成应有工艺时,为了达到工件要求硬度及强度时,一般都要进行热处理淬火;淬火温度一般为该材料 AC1 点以上 30℃～50℃(共析刚或过共析钢,)或这 AC3 点 30℃～50℃(亚共析钢)因此本次淬火温度取 850℃,保温 10 分钟,水淬。
9	回火	为了消除淬火内应力,防止工件变形与开裂,一般淬火后都要进行回火热处理,其温度一般加热到 AC1 点以下某一温度保温,然后室温冷却,因此本次回火温度为 240℃保温 30 分钟,空冷。
10	磨光	研磨,磨到高度要求,保证尺寸,磨光各平面。

凸凹模(如图 3-1 所示)技术要求:

(1)上、下面光滑无毛刺,平行度为 0.02;

(2)材料为 T10A,淬火硬度为 HRC60—64;

(3)带 ∗ 号的尺寸按对应尺寸及间隙配作。

凹模板的加工工艺:见表 3-8 所示。如图 3-2 所示。

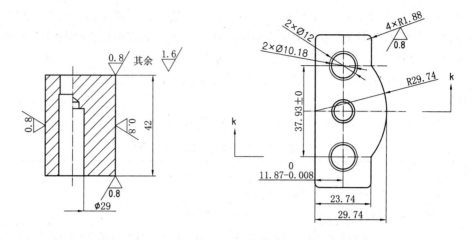

图 3-1　凸凹模

表 3-8　凹模板的加工工艺

序号	工序名	加工内容
1	备料	一般实训可用 T10A 或 45♯代替
2	锻打	锻打成毛坯尺寸为 130mm×130mm×16mm 的矩形料
3	退火	退火的热处理工艺能够消除锻件应锻造而产生的内应力,退火工艺温度为 600℃,保温 20 分钟,后随炉冷却至室温
4	刨平面	刨六面尺寸 126mm×126mm×15mm,磨削单边余量 0.5mm
5	平磨	磨上下大平面,留加工余量单面 0.2mm,加工尺寸为 125.4mm×125.4mm×14.4mm
6	钳工	找基面:以相互垂直的平面为基面,与卸料板、凸模固定板叠合成一对垂直侧基面;划线:涂料(金属墨水)画螺钉孔 M8 的中心线,销钉孔直径 10 的中心线以及线切割所需要的穿丝孔;钻螺钉孔以及销孔用钻头直径 7mm 穿丝孔直径 3mm 即可;螺钉孔用 M8 的公丝螺纹,用直径 10mm 的铰刀钻销孔已达到粗糙度要求
7	热处理	调质至 HRC24～28
8	平磨	磨上下平面达到设计要求
9	线切割	按照程序切割各个型孔,切割面留研磨量 0.015mm
10	钳工	研磨型腔(以凸凹模为设计基准)

凹模板(如图 3-2 所示)技术要求:

(1)表面光滑无毛刺;

(2)材料为 T10A,淬火硬度为 HRC60-64。

卸料板的加工工艺:见表 3-9 所示。如图 3-3 所示。

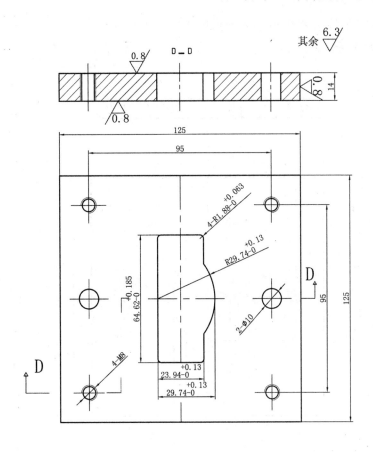

图 3-2　凹模板

表 3-9　卸料板的加工工艺

序号	工序名	加工内容
1	备料	一般实训可用 45♯钢
2	锻打	锻打成毛坯尺寸为 127mm×127mm×12mm 的矩形料
3	退火	退火的热处理工艺能够消除锻件应锻造而产生的内应力,退火工艺温度为 600℃,保温 20 分钟,后随炉冷却至室温
4	立铣	利用加工中心铣六方 125.6mm×125.6mm×10.6mm,其中给磨削留得磨削余量为 0.6mm
5	平磨	磨削保证尺寸 125.2mm×125.2mm×10.2mm
6	钳工	按图纸要求划螺钉孔、销钉孔及穿孔丝,攻螺纹,打销钉孔。(注:螺纹孔要与凸凹模固定板相应螺纹孔保证实配)
7	热处理	调质至 HRC24～28
8	线切割	达到图纸要求及技术要求,保证型孔位置与凹模一致,并与凸凹模保证 0.2～0.3mm 的双边间隙配合
9	平磨光	上下表面保证厚度图纸要求厚度为 10mm

卸料板(如图 3-3 所示)技术要求:

（1）上下面平行度为 0.02mm，表面粗糙度为 $Ra1.6\mu m$；

（2）调质 HRC24～28。

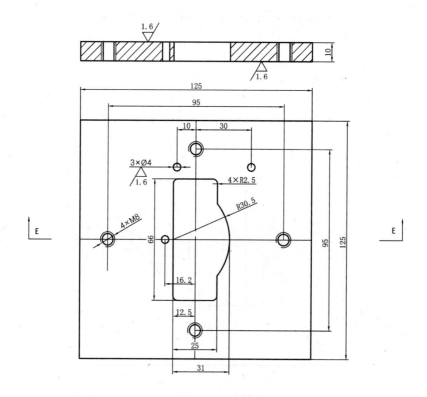

图 3-3　卸料板

空心垫板的加工工艺：见表 3-10 所示。如图 3-4 所示。

表 3-10　空心垫板的加工工艺

序号	工序名	加工内容
1	备料	一般实训可用 45♯钢
2	锻打	锻打成毛坯尺寸为 135mm×135mm×18mm 的矩形料
3	退火	退火的热处理工艺能够消除锻件应锻造而产生的内应力，退火工艺加热 600℃保温 20 分钟后随火炉冷却 300℃后空冷
4	立铣	铣六面尺寸 125.3mm×125.3mm×12.3mm
5	钳工	划出 6×φ12 孔中心线，钻 6×φ12mm 孔以及板中心的直径为 4mm 的穿丝孔
6	线切割	达到图纸要求及技术要求
7	热处理	调质，硬度达 HRC24～28
8	钳工	研磨保证尺寸 125mm×125mm×12mm，并达到、上下面平行度 0.02mm，表面粗糙度 Ra 为 3.2μ m

空心垫板（如图 3-4 所示）技术要求：

(1)上下面平行度为 0.02mm；

(2)调质 HRC24～28。

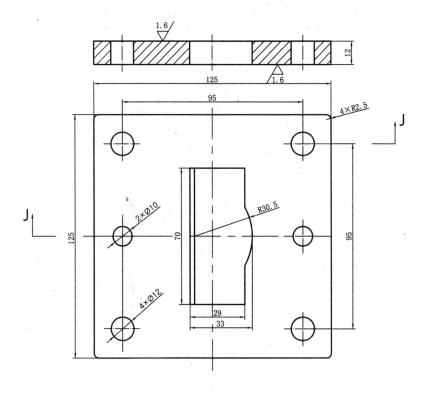

图 3-4　空心垫板

凸凹模固定板的加工工艺:见表 3-11 所示。如图 3-5 所示。

表 3-11　凸凹模固定板的加工工艺

序号	工序名	加工内容
1	备料	一般实训可用 T10A 或 45♯代替
2	锻打	锻打成毛坯尺寸为 127mm×127mm×16mm 的矩形料
3	退火	退火的热处理工艺能够消除锻件应锻造而产生的内应力,退火工艺温度为 600℃,保温 20 分钟,后随炉冷却至室温
4	粗铣	铣削至尺寸 125.2mm×125.2mm×14.2mm
5	钳工	划出尺寸线和孔中心线,用样冲在各个孔所在位置打样冲眼;用直径为 φ10mm 的钻头打两个销钉孔;用直径为 φ8mm 的钻头打四个螺纹孔,再用 M10 丝锥攻螺纹;用直径为 φ10mm 的钻头打四个孔,再用直径为 φ22mm 的钻头扩孔
6	热处理	为了保证工件强度、硬度要求,必须用淬火、回火才能达到其要求,HRC 55～60
7	线切割	用直径为 2mm 的钻头打一个孔,穿入线切割丝线,利用线切割切出型孔
8	平磨	磨削六个平面,保证尺寸为 125mm×125mm×14mm

凸凹模固定板(如图 3-5 所示)技术要求:

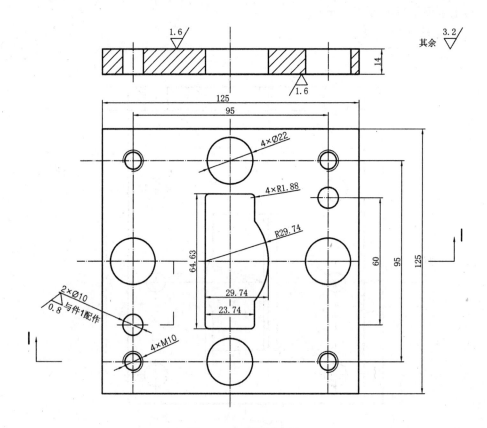

图 3-5 凸凹模固定板

(1)上下面平行度为 0.02mm,表面粗糙度为 $Ra1.6\mu m$;

(2)带 * 号的尺寸按凸凹模实训尺寸,并保证与凸凹模呈 H7/m6 配合配作。

上垫板的加工工艺:见表 3-12 所示。如图 3-6 所示。

表 3-12 上垫板的加工工艺

序号	工序名	加工内容
1	备料	一般实训可用 T10A 或 45♯代替
2	锻打	锻打成毛坯尺寸为 130mm×130mm×10mm 的矩形料
3	退火	退火的热处理工艺能够消除锻件应锻造而产生的内应力,退火工艺温度为 600℃,保温 20 分钟,后随炉冷却至室温
4	粗铣	铣六面尺寸至 125.2mm×125.2mm×8.2mm,保证一相交边尺寸,给划线做准备
5	钳工	选着一对基准边划线,打孔、铰孔;用划线平板与高度尺按照图纸要求画出型孔中心线、销钉孔的中心线;找出型孔、销钉孔的中心,用样冲打上冲样眼;按照图纸要求用台钻钻 4×φ11.5mm 的通孔,然后将其铰成 4×φ12mm 的通孔;在钻 2×φ10mm 的销钉孔
6	热处理	为了保证工件强度、硬度要求,必须用淬火、回火才能达到其要求,HRC 55～60
7	研磨	研磨六个平面,保证尺寸 125mm×125mm×8mm

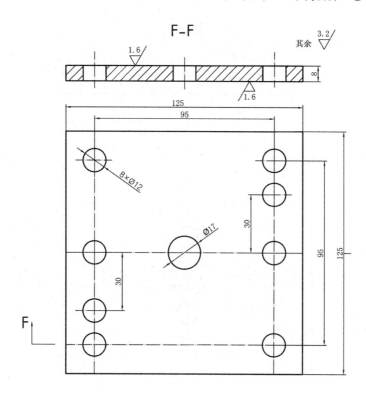

图 3-6　上垫板

上垫板(如图 3-6 所示)技术要求:硬度 HRC55～60。

凸模固定板的加工工艺:见表 3-13 所示。如图 3-7 所示。

表 3-13　凸模固定板的加工工艺

序号	工序名	加工内容
1	备料	一般实训可用 45♯钢
2	锻打	锻打成毛坯尺寸为 130mm×130mm×20mm 的矩形料
3	退火	退火的热处理工艺能够消除锻件应锻造而产生的内应力,退火工艺温度为 600℃,保温 20 分钟,后随炉冷却至室温
4	粗铣	铣六面尺寸至 125.6mm×125.6mm×15mm,留有一定的余量以便于进行磨削
5	平磨	磨削至尺寸为 125.2mm×125.2mm×14.6mm
6	钳工	按图纸要求划各个孔中心线并冲点,用直径为 ϕ10.5mm 和 ϕ10mm 的钻头钻 4 个螺纹底孔和两个销钉孔,钳工攻螺纹,在加工中心钻一个直径为 ϕ14mm 的通孔,然后用直径为 ϕ20mm 的钻一个直径为 ϕ20mm 的阶梯孔
7	热处理	为了保证工件强度、硬度要求,必须用淬火、回火才能达到其要求,HRC 55～60
8	研磨	研磨六个平面,保证尺寸为 125mm×125mm×14mm,并达到上下平行度0.02mm,粗糙度为 Ra 为 1.6 m

凸模固定板(如图 3-7 所示)技术要求:

(1)上、下面光滑无毛刺,平行度为 0.02mm,粗糙度为 $Ra1.6\mu m$;

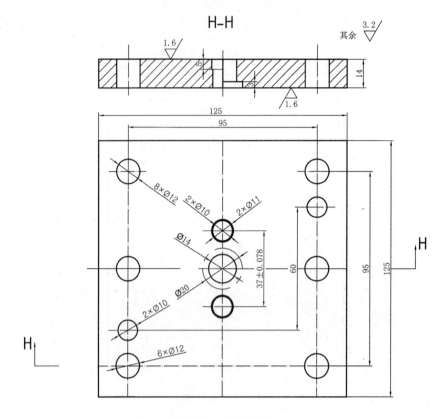

图 3-7　凸模固定板

（2）调质硬度为 HRC24—28；

（3）带 * 号的尺寸按凸模实际尺寸配作并保证与凸模呈 H7/m6 配合。

下垫板的加工工艺：见表 3-14 所示。如图 3-8 所示。

表 3-14　下垫板的加工工艺

序号	工序名	加工内容
1	备料	一般实训可用 T10A 或用 45♯钢代替
2	锻打	锻打成毛坯尺寸为 130mm×130mm×10mm 的矩形料
3	退火	退火的热处理工艺能够消除锻件应锻造而产生的内应力,退火工艺温度为 600℃,保温 20 分钟,后随炉冷却至室温
4	粗铣	铣六面尺寸至 125.6mm×125.6mm×6.6mm,留有一定的余量以便于进行磨削
5	平磨	磨削至尺寸为 125.2mm×125.2mm×6.2mm,保证一相交边,给划线做准备
6	钳工	用划线平板与高度尺按照图纸要求画出型孔中心线、销钉孔的中心线,找出型孔、销钉孔的中心,用样冲打上样冲眼,按照图纸要求用台钻钻 4×φ11.5mm、4×φ16.5mm、1×φ10.5mm 的通孔,然后将其铰成 4×φ12mm、4×φ16mm、1×φ10mm 的通孔,再钻 2×φ10mm 的销钉孔
7	热处理	为了保证工件强度、硬度要求,必须用淬火、回火才能达到其要求,HRC 55～60
8	平磨	平磨六个平面,保证尺寸为 125mm×125mm×6mm,并达到上下平行度 0.02mm,粗糙度为 Ra 为 1.6 m

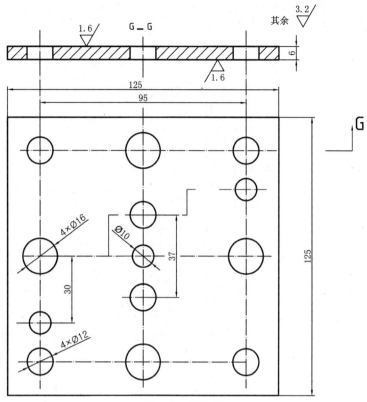

图 3-8　下垫板

下垫板(如图 3-8 所示)技术要求：

(1)上、下面光滑无毛刺,平行度为 0.02mm,粗糙度为 $Ra1.6\mu m$;

(2)硬度为 HRC55—60。

推件块的加工工艺:见表 3-15 所示。如图 3-9 所示。

表 3-15　推件块的加工工艺

序号	工序名	加工内容
1	备料	一般实训可用 45# 钢
2	锻打	锻打成毛坯尺寸为 34mm×72mm×22mm 的矩形料
3	退火	退火的热处理工艺能够消除锻件应锻造而产生的内应力,退火工艺温度为 600℃,保温 20 分钟,后随炉冷却至室温
4	粗铣	铣六面尺寸至 33mm×70mm×21mm,单边余量为 0.5mm,以便于进行磨削
5	平磨	磨削至尺寸为 32.4mm×69.4mm×20.4mm,留加工余量单面 0.2mm
6	钳工	以相互垂直的两个侧面为基准面,将涂料涂于毛坯料一面,将毛坯放在平板上,按示意图用高度尺划出型孔中心线,打样冲眼,找出型孔,用样冲打上样冲眼,用钻头直径为 φ15mm 的钻头钻两个型孔的穿丝孔,再用直径为 φ17mm 的钻头钻孔
7	热处理	调质,HRC 24～28
8	研磨	研磨六个平面,保证尺寸为 32mm×69mm×20mm

推件块(如图 3-9 所示)技术要求：

(1)上、下面光滑无毛刺,平行度为 0.02mm,粗糙度为 $Ra1.6\mu m$;

(2)调质硬度为 HRC24—28。

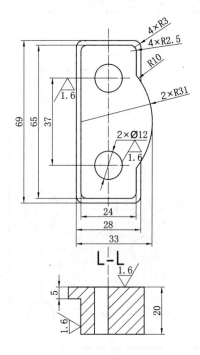

图 3-9　推件块

凸模的加工工艺:见表 3-16 所示。如图 3-10 所示。

表 3-16　凸模的加工工艺

序号	工序名	加工内容
1	备料	一般实训可用 T10A 或用 45# 钢代替
2	锻打	锻打成尺寸为 $\phi15\times55$mm 的棒料
3	退火	退火的热处理工艺能够消除锻件应锻造而产生的内应力,退火工艺温度为 600℃,保温 20 分钟,后随炉冷却至室温
4	车削	车外圆,一端为 $\phi11^{0}_{-0.25}\times6^{0}_{-0.25}$mm,另一端为 $\phi\phi10.18^{0}_{-0.09}\times36^{1.25}_{0}$mm
5	热处理	淬火、回火,HRC 55～60
6	线切割	切除工作端面顶尖孔,长度尺寸至 40^{1}_{0}mm
7	磨削	磨削端面至 $Ra0.8\mu m$
8	研磨	研磨六个平面,保证尺寸为 32mm×69mm×20mm

凸模(如图 3-10 所示)技术要求:

(1)上、下面光滑无毛刺,垂直度度为 0.01mm,粗糙度为 $Ra0.8\mu m$;

(2)硬度为 HRC55—60。

上模座板的加工工艺:外委加工。尺寸如图 3-11 所示。

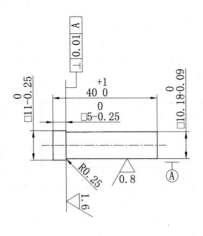

图 3-10　凸模

上模座板(如图 3-11 所示)技术要求:材料为 HT200

下模座板的加工工艺:外委加工。尺寸如图 3-12 所示。

下模座板(如图 3-12 所示)技术要求:材料为 HT200。

其他零件外购标准件。

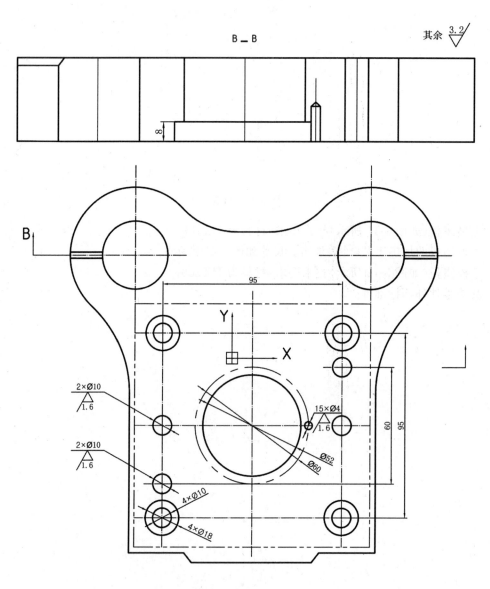

图 3-11　上模座板

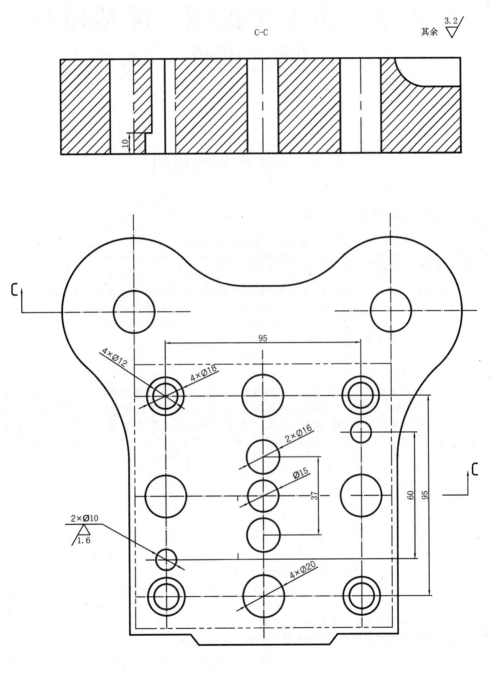

图 3-12　下模座板

第4章 钳工实训四 冲裁模具制造训练

4.1 钳工实训四说明

钳工实训四说明，如表 4-1 所示。

表 4-1　钳工实训四说明

实训名称	实训四　冲裁模具制造训练(分成 4 组，每组 8～9 个同学)	
实训内容描述	按照钳工高级工考核要求，进行冲裁模具的制作训练，第四周要求要按照整套模具，分成各个零部件，完成整套模具的制作，使用加工中心、电火花机或线切割机加工至少一件模具典型零件，掌握模具零件的打磨、研磨和抛光技能，掌握钻孔、攻丝技能。了解所加工零件的材料及其热处理工艺。	
教学目标	1. 专业技能 　　使用加工中心、电火花机或线切割机加工至少一件模具典型零件，掌握模具零件的打磨、研磨和抛光技能，掌握钻孔、攻丝技能。了解所加工零件的材料及其热处理工艺。2)方法能力完成凸凹模 1 件、卸料板 1 件、凹模板 1 件、空心垫板 1 件、推件块 1 件、凸凹模固定板 1 件的钳工加工，完成凸模 1 件的车工加工，完成空心垫板小台电火花加工，完成下垫板 1 件、上垫板 1 件、凸模固定板 1 件的钻孔以及平面磨削加工。 　　制造工艺编排，各小组对于所编的工艺进行审核，由指导教师进行点评。 　　2. 社会能力 　　按照企业职场要求，进行安全生产，团队协作，对设备和量具正确维护和使用，每日完毕必须清理现场，做到卫生合格。	
贯穿实训过程中的知识要点	1. 各小组提供一套制作的模具； 2. 每个人提交一份制造模具的编排工艺； 3. 使用加工中心、电火花机或线切割机加工至少一件模具典型零件，掌握模具零件的打磨、研磨和抛光技能，掌握钻孔、攻丝技能； 4. 了解所加工零件的材料及其热处理工艺； 5. 掌握模具钳工的基本操作技能。	
师资能力和数量要求	校内教师：	企业技术人员：
硬件条件	设备清单数量：台虎钳 20 台、钻床 1 台、砂轮机 1 台、线切割 1 台、电火花 1 台。	

实训名称	实训四　冲裁模具制造训练(分成 4 组,每组 8～9 个同学)		
教学组织	1. 按照发放的产品零件图要求,各小组进行卸料板、凹模板、空心垫板、推件块、凸凹模固定板等加工; 2. 完成凸凹模 1 件、卸料板 1 件、凹模板 1 件、空心垫板 1 件、推件块 1 件、凸凹模固定板 1 件的钳工加工,完成凸模 1 件的车工加工,完成空心垫板小台电火花加工,完成下垫板 1 件、上垫板 1 件、凸模固定板 1 件的钻孔以及平面磨削加工; 3. 制造工艺编排,各小组对于所编的工艺进行审核,由指导教师进行点评; 4. 各小组对于加工过程的注意事项进行体会与总结。		
准备工作	1. 资料:冲裁模具零件图 1 套,4 份,每小组 1 份; 2. 软件:CAD 3. 低值耐用品、工具:游标卡尺:10;直角尺:4;手锯:20;锉:15;划针:1;划线盘:1;划规:1;涂色料:1;样冲:1 4. 消耗材料:		

材料	尺寸(mm)	重量(kg)
下模座板	125×125×35	25.56
凸凹模	64×42×30	4.8
上垫板	125×125×8	10.24
推件块	69×32×20	3.12
凸模	×11×40	0.544
上模座板	125×125×30	22.76
凸模固定板	125×125×14	13.64
空心垫板	125×125×12	12.52
卸料板	125×125×10	11.36
凸凹模固定板	125×125×14	13.64
下垫板	125×125×6	2.2784

实施地点	
实训教学评价方式	各小组提供一套制作的模具,由小组之间进行对比,教师点评; 各小组提交一套完整的制作工艺报告; 每个同学提交一份凸凹模的加工工艺编排书面报告。
备注	

4.2　按照产品零件图加工零件

　　按照发放的产品零件图要求,每人完成所加工的零件的选材、划线、加工工艺路线的具体实施,共 6 学时。具体内容见表 4-2 所示。

表 4-2 零件加工实施步骤

步骤	教学内容	教学方法	教学手段	学生活动	时间分配
教师示范,同学练习,阶段点评课,从中进行分析	按照钳工高级工考核要求,进行冲裁模具的制作训练,要按照整套模具,分成各个零部件,完成整套模具的制作,使用加工中心、电火花机或线切割机加工至少一件模具典型零件,掌握模具零件的打磨、研磨和抛光技能,掌握钻孔、攻丝技能。了解所加工零件的材料及其热处理工艺。	以小组为单位领取作业所需的工具和材料,安排好各小组的工位场地。	安排学生以小组为单位进行讨论,要求每个成员提出自己加工工艺。	个别回答	10 分钟
引入(任务一:按照发放的产品零件图要求,每人完成所加工的零件的选材、划线、加工工艺路线的具体实施)	集中学生进行作业任务书的细致讲解,提出具体考核目标和要求,制造工艺编排,各小组对于所编的工艺进行审核,由指导教师进行点评。	按照学习小组下发任务书,讲解,提出具体考核目标和要求。	教师参与各小组的讨论,提出指导性意见或建议。	小组讨论代表发言互相点评	30 分钟
操练	按照发放的产品零件图要求,各小组进行卸料板、凹模板、空心垫板、推件块、凸凹模固定板等加工。	安排各小组选派代表陈述本小组制定的制作思路,提出存在的问题。	要求各小组确定最终工艺方法。	学生模仿	60 分钟
深化(加深对基本能力的体会)	完成凸凹模 1 件、卸料板 1 件、凹模板 1 件、空心垫板 1 件、推件块 1 件、凸凹模固定板 1 件的钳工加工。	各小组实施加工制作作业,教师进行安全监督及指导。	课件板书	学生实际操作个人操作小组操作集体操作	30 分钟
归纳(知识和能力)	各小组制作过程中经常进行测量,提出自己的见解。	要求各小组进行阶段总结和互评。	课件板书	小组讨论代表发言	30 分钟

续表

步骤	教学内容	教学方法	教学手段	学生活动	时间分配
训练 巩固 拓展 检验	训练项目：按照发放的产品零件图要求，每人完成所加工的零件的选材、划线、加工工艺路线的具体实施。	考察各小组作业完成的进度，观察各位学生的工作态度、劳动纪律、操作技能。	课件 板书	个人操作 小组操作 集体操作	120 分钟
总结	各小组对制作结果进行总结、修改。	教师讲授或提问	课件 板书		18 分钟
作业	作业题、要求、完成时间。				2 分钟
后记					

　　本单元在教师指导下，在第三周的钳工实训基础上，按照发放的产品零件图要求，每人完成所加工的零件的选材、划线、加工工艺路线的具体实施。同时教师指导同学完善钳工加工操作技能。

4.3　完成整套模具加工工艺路线

　　每个小组完成整套模具的加工工艺路线的具体实施，共 6 学时。具体内容见表 4-3 所示。

表 4-3　模具加工工艺路线

步骤	教学内容	教学方法	教学手段	学生活动	时间分配
教师示范，同学练习，阶段点评课，从中进行分析	按照钳工高级工考核要求，进行冲裁模具的制作训练，要按照整套模具，分成各个零部件，完成整套模具的制作，使用加工中心、电火花机或线切割机加工至少一件模具典型零件，掌握模具零件的打磨、研磨和抛光技能，掌握钻孔、攻丝技能。了解所加工零件的材料及其热处理工艺。	以小组为单位领取作业所需的工具和材料，安排好各小组的工位场地。	安排学生以小组为单位进行讨论，要求每个成员提出自己加工工艺。	个别回答	10 分钟

续表

步骤	教学内容	教学方法	教学手段	学生活动	时间分配
引入（任务二：每个小组完成整套模具的加工工艺路线的具体实施）	集中学生进行作业任务书的细致讲解，提出具体考核目标和要求，制造工艺编排，各小组对于所编的工艺进行审核，由指导教师进行点评。	按照学习小组下发任务书，讲解，提出具体考核目标和要求。	教师参与各小组的讨论，提出指导性意见或建议。	小组讨论代表发言互相点评	30分钟
操练	按照发放的产品零件图要求，各小组进行卸料板、凹模板、空心垫板、推件块、凸凹模固定板等加工，制定整套模具制作加工工艺。	安排各小组选派代表陈述本小组制定的制作思路，提出存在的问题。	要求各小组确定最终工艺方法。	学生模仿	60分钟
深化（加深对基本能力的体会）	完成凸凹模1件、卸料板1件、凹模板1件、空心垫板1件、推件块1件、凸凹模固定板1件的钳工加工。	各小组实施加工制作作业，教师进行安全监督及指导。	课件板书	学生实际操作个人操作小组操作集体操作	30分钟
归纳（知识和能力）	各小组制作过程中经常进行测量，提出自己的见解。	要求各小组进行阶段总结和互评。	课件板书	小组讨论代表发言	30分钟
训练巩固拓展检验	训练项目：每个小组完成整套模具的加工工艺路线的具体实施。	考察各小组作业完成的进度，观察各位学生的工作态度、劳动纪律、操作技能。	课件板书	个人操作小组操作集体操作	120分钟
总结	各小组对制作结果进行总结、修改。	教师讲授或提问	课件板书		18分钟
作业	作业题、要求、完成时间。				2分钟
后记					

本单元要求在教师指导下,每个加工小组对自己在下一周所要加工的模具的工艺路线做到心中有数,并以小组名义完成模具加工工艺报告。以下是模具加工工艺卡片填写范例,供实际教学中参考。

比如加工某一规格凸模的工艺范例:

(1)下料,用轧制的圆棒料在锯床上切断至 50mm;

(2)锻造,将切制好的圆棒料锻成较大的圆形毛坯料;

(3)退火,经锻造后的毛坯进行退火,以消除锻造后的内应力,退火工艺为 450℃保温 10 分钟,随炉冷却至室温;

(4)车削,车外圆和上端面、钻镗 ϕ20mm 内孔,掉头镗 ϕ175mm 的凹腔及其底面,并车下端面。流磨削量 0.3～0.5mm;

(5)划线,划出各孔的准确位置,用样冲做好标记;

(6)孔加工,用 ϕ9.8mm 钻头加工螺孔(钻、攻螺纹)、定位销的底孔;

(7)粗铣齿形,在铣床上加工齿形;

(8)热处理,淬火工艺:850℃保温 10 分钟,水淬,回火:3850℃保温 30 分钟,检查硬度应该达到 58～62HRC 之间;

(9)磨平面,在平面磨床上磨上下两端面;

(10)磨外圆,在外圆磨床上磨外圆至要求尺寸;

(11)磨齿形,在成形磨床上用成形砂轮磨齿形,利用分度头机构进行分度;

(12)坐标磨削,在坐标磨床上磨削凹腔及其底面,磨定位销孔;

(13)精加工,钳工精修刃口。

比如加工某一凸凹模工艺范例:

(1)下料,用轧制的圆棒料在锯床上下料,ϕ56mm～117±4mm;

(2)锻造,锻造 110×45×55mm;

(3)热处理,退火工艺:650℃保温 20 分钟后炉冷至 300℃空冷,硬度要求在 240HB 以下;

(4)立铣,铣六方 104.4×50.4×40.3mm;

(5)平磨,磨六方,对 90°;

(6)钳工,划线,去毛刺,做螺纹孔;

(7)镗削,镗两圆孔,保证孔距尺寸,孔径留 0.1～0.15mm 的余量;

(8)钳工,铰圆锥孔留研磨量,做漏料孔,孔径 ϕ20mm;

(9)工具铣,按照划线铣外形,留双边余量 0.3～0.4mm;

(10)热处理,淬火,回火工艺,硬度 HRC50～55;

(11)平磨,磨光上下面;

(12)钳工,研磨两圆孔,车工配制研磨棒,与冲孔凸模实配,保证双面间隙为 0.06mm;

(13)成形磨,在万能夹具上,找正两圆孔磨外形,与落料凹模实配,保证双面间隙 0.09mm。

4.4 按照产品零件图加工零件

按照发放的产品零件图要求，每人完成所加工的零件的具体钳工加工，共 18 学时。具体内容见表 4-4 所示。

表 4-4　按照产品零件图加工零件

步骤	教学内容	教学方法	教学手段	学生活动	时间分配
教师示范，同学练习，阶段点评课，从中进行分析	按照钳工高级工考核要求，进行冲裁模具的制作训练，要按照整套模具，分成各个零部件，完成整套模具的制作，使用加工中心、电火花机或线切割机加工至少一件模具典型零件，掌握模具零件的打磨、研磨和抛光技能，掌握钻孔、攻丝技能。特别是要求同学对尺寸链的概念和计算要搞清楚。	以小组为单位领取作业所需的工具和材料，安排好各小组的工位场地。	安排学生以小组为单位进行讨论，要求每个成员提出自己加工工艺。	个别回答	10 分钟
引入（任务三：按照发放的产品零件图要求，每人完成所加工的零件的具体钳工加工）	集中学生进行作业任务书的细致讲解，提出具体考核目标和要求，加工模具零件制造工艺编排训练。	按照学习小组下发任务书，讲解，提出具体考核目标和要求。	教师参与各小组的讨论，提出指导性意见或建议。	小组讨论代表发言互相点评	30 分钟
操练	按照发放的产品零件图要求，各小组进行卸料板、凹模板、空心垫板、推件块、凸凹模固定板等加工。	安排各小组选派代表陈述本小组制定的制作思路，提出存在的问题。	要求各小组确定最终工艺方法。	学生模仿	600 分钟

步骤	教学内容	教学方法	教学手段	学生活动	时间分配
深化(加深对基本能力的体会)	完成凸凹模 1 件、卸料板 1 件、凹模板 1 件、空心垫板 1 件、推件块 1 件、凸凹模固定板 1 件的钳工加工。	各小组实施加工制作作业,教师进行安全监督及指导。	课件板书	学生实际操作个人操作小组操作集体操作	90 分钟
归纳(知识和能力)	各小组提供一套制作的模具,由小组之间进行对比,教师点评;各小组提交一套完整的制作工艺报告。	要求各小组进行阶段总结和互评。	课件板书	小组讨论代表发言	30 分钟
训练巩固拓展检验	训练项目:按照发放的产品零件图要求,每人完成所加工的零件的具体钳工加工。	考察各小组作业完成的进度,观察各位学生的工作态度、劳动纪律、操作技能。	课件板书	个人操作小组操作集体操作	120 分钟
总结	各小组对制作结果进行总结、修改。	教师讲授或提问	课件板书		18 分钟
作业	作业题、要求、完成时间。				2 分钟
后记					

本单元的任务是要求同学独立完成自己要加工的模具零件的工艺报告,并经过答辩后阐述清楚两个问题:一是自己要加工的零件设计的工艺路线,道理何在?加工难点是什么?如何确保加工质量?二是自己要加工的零件在整套模具中的作用是什么?如何保证未来的装配?在上述问题的确搞清楚后,进入加工实训,确实按照要求完成零件的加工任务,有关模具零件加工的相关技能知识在钳工实训一、二中已经进行了介绍,有关零件加工的工艺路线在钳工实训三中已经进行了较为详细的阐述,在此就不赘述了。

教学目标:指导学生了解尺寸链的相关知识,掌握尺寸链的相关计算及应用要领。

一、尺寸链的概述

尺寸链的定义:尺寸链就是在零件加工或机器装配过程中,由相互联系且按一定顺序连接的封闭尺寸组合。

如图 4-1 所示工件如先以 A 面定位加工 C 面,得到尺寸 A_1,然后再以 A 面定位用调整法加工台阶面 B,得尺寸 A_2,要求保证 B 面与 C 面间尺寸 A_0;A_1、A_2 和 A_0 这三个尺寸构成了一个封闭尺寸组,就成了一个尺寸链。

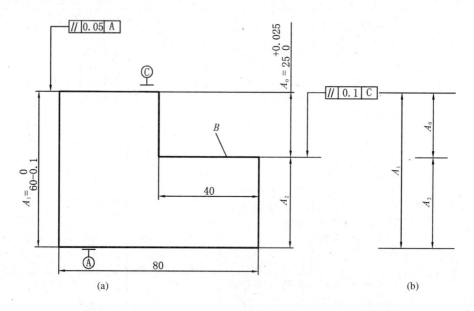

图 4-1　尺寸链的概念

1. 尺寸链的分类

(1)在加工中形成的尺寸链:工艺尺寸链即全部组成环为同一零件工艺尺寸所形成的尺寸链称为工艺尺寸链。如图 4-2 所示。在图 4-2 所示零件加工中,设计尺寸为 A_1、A_0,在加工过程中,因 A_0 不便直接测量,只有按照容易测量的 A_2 进行加工,才能间接保证尺寸 A_0 的要求,则 A_1、A_2、A_0 也同样形成一个工艺尺寸链。

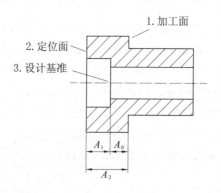

图 4-2　工艺尺寸链构成

(2)在装配中形成的尺寸链:装配尺寸链即全部组成环为不同零件设计尺寸所形成的尺寸链称为装配尺寸链。如图 4-3 所示。在图 4-3 所示零件装配中,尺寸 A_1、A_2 对 A_0 的间隙尺寸有影响,则 A_1、A_2、A_0 也同样形成一个装配尺寸链。

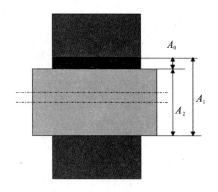

图 4-3　装配尺寸链构成

2. 尺寸链的特性(特征)

(1)封闭性:组成尺寸链的各个尺寸按一定顺序构成一个封闭系统。

(2)相关性:其中一个尺寸变动将影响其他尺寸变动。

3. 尺寸链的组成

(1)环——尺寸链中的每一个尺寸,它可以是长度或角度。

(2)封闭环——在零件加工或装配过程中间接获得或最后形成的环,一个尺寸链中只有一个封闭环,一般用用 A_0 表示。

(3)组成环——尺寸链中对封闭环有影响的全部环。一个尺寸链中最少要有两个组成环。

4. 组成环又可分为增环和减环

一般用 A_i 表示。组成环中,可能只有增环没有减环,但不可能只有减环没有增环。

(1)增环——若该环的变动引起封闭环的同向变动,则该环为增环。

同向变动是指:在其余组成环大小不变时,该环增大则封闭环随之增大,该环减小则封闭环随之减小。

(2)减环——若该环的变动引起封闭环的反向变动,则该环为减环。

反向变动是指:在其余组成环大小不变时,该环增大则封闭环随之减小,该环减小则封闭环反而增大。

增、减环判别方法:在尺寸链图中用首尾相接的单向箭头顺序表示各尺寸环,其中与封闭环箭头方向相反者为增环,与封闭环箭头方向相同者为减环。如图 4-4 所示。在如图 4-4 所示尺寸链中,尺寸 A_0 是加工过程中间接保证的,因而是尺寸链的封闭环;尺寸 A_1 和 A_2 是在加工中直接获得的,因而是尺寸链的组成环。其中,A_1 为增环,因为在该尺寸链中,当 A_2 尺寸不变时,则 A_1 环增大则封闭环 A_0 随之增大,A_1 环减小则封闭环 A_0 随之减小,故 A_1 为增环。A_2 为减环,因为在该尺寸链中,当 A_1 尺寸不变时,则 A_2 环增大则封闭环 A_0 随之减小,A_2 环减小则封闭环 A_0 反而增大,故 A_2 为减环。

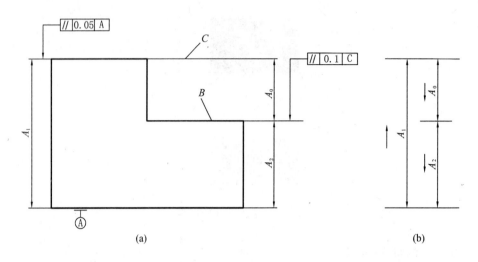

图 4-4　增减环的判别

二、尺寸链的建立

1. 确定封闭环

确定封闭环的关键：

(1)加工顺序或装配顺序确定后才能确定封闭环；

(2)封闭环的基本属性为"派生"，表现为尺寸间接获得。

确定封闭环的要领：

(1)设计尺寸往往是封闭环；

(2)加工余量往往是封闭环。

2. 确定组成环

确定组成环的关键：

(1)封闭环确定后才能确定；

(2)直接获得；

(3)对封闭环有影响。

查找装配尺寸链的组成环时，先从封闭环的任意一端开始，找相邻零件的尺寸，然后再找与第一个零件相邻的第二个零件的尺寸，这样一环接一环，直到封闭环的另一端为止，从而形成封闭的尺寸组。如图 4-5 所示的车床主轴轴线与尾架轴线高度差的允许值 A_0 是装配技术要求，A_0 为封闭环。组成环可从尾架顶尖开始查找，尾架顶尖轴线到底面的高度 A_1、与床面相连的底板的厚度 A_2、床面到主轴轴线的距离 A_3，最后回到封闭环。A_1、A_2 和 A_3 均为组成环。

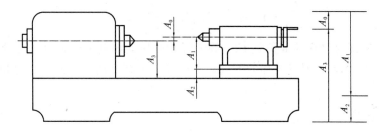

图 4-5 尺寸链的查找

三、分析计算尺寸链的任务和方法

分析计算尺寸链的任务:分析和计算尺寸链是为了正确合理地确定尺寸链中各环的尺寸和精度,主要解决以下三类任务:

(1)正计算:已知各组成环的极限尺寸,求封闭环的极限尺寸。这类计算主要用来验算设计的正确性,故又叫校核计算。

(2)反计算:已知封闭环的极限尺寸和各组成环的基本尺寸,求各组成环的极限偏差。这类计算主要用在设计上,即根据机器的使用要求来分配各零件的公差。

(3)中间计算:已知封闭环和部分组成环的极限尺寸,求某一组成环的极限尺寸。这类计算常用在工艺上。反计算和中间计算通常称为设计计算。

分析计算尺寸链的方法:

(1)完全互换法(极值法):

从尺寸链各环的最大与最小极限尺寸出发,进行尺寸链计算,不考虑各环实际尺寸的分布情况。按此法计算出来的尺寸加工各组成环,装配时各组成环不需挑选或辅助加工,装配后即能满足封闭环的公差要求,即可实现完全互换。完全互换法是尺寸链计算中最基本的方法。

封闭环的基本尺寸:封闭环的基本尺寸 A_0 等于所有增环 A_z 的基本尺寸之和减去所有减环 A_j 的基本尺寸之和,即

$$A_0 = \sum_{i=1}^{n} A_2 - \sum_{i=n+1}^{m} A_j \tag{4-1}$$

封闭环的极限尺寸:

$$A_{0max} = \sum_{i=1}^{n} A_{zmax} - \sum_{i=n+1}^{m} A_{jmin} \tag{4-2}$$

$$A_{0min} = \sum_{i=1}^{n} A_{zmin} - \sum_{i=n+1}^{m} A_{j+max} \tag{4-3}$$

(4-2)式表明即封闭环的最大极限尺寸 A_{0max} 等于所有增环的最大极限尺寸 A_{zmax} 之和减去所有减环最小极限尺寸 A_{jmin} 之和;(4-3)式表明封闭环的最小极限尺寸 A_{0min} 等于所有增环的最小极限尺寸 A_{zmin} 之和减去所有减环的最大极限尺寸 A_{jmax} 之和。

封闭环的极限偏差:

$$ES_0 = \sum_{i=1}^{n} ES_z - \sum_{i=n+1}^{m} EI_j \tag{4-4}$$

$$EI_0 = \sum_{i=1}^{n} EI_z - \sum_{i=n+1}^{m} ES_j \qquad (4-5)$$

(4-4)式表明即封闭环的上偏差 ES_0 等于所有增环上偏差 ES_z 之和减去所有减环下偏差 EI_j 之和;(4-5)式表明即封闭环的下偏差 EI_0 等于所有增环下偏差 EI_z 之和减去所有减环上偏差 ES_j 之和。

封闭环的公差:

$$T_0 = \sum_{i=1}^{m} T_i \qquad (4-6)$$

(4-6)式表明即封闭环的公差 T_0 等于所有组成环公差 T_i 之和。

例题 4-1 如图 4-6(a)所示的装配单元,为了使得齿轮能正常工作,要求装配后齿轮端面与机体孔端面之间有 0.1～0.3mm 的轴向间隙。已知各环基本尺寸为 $B_1 = 80mm$, $B_2 = 60mm$, $B_3 = 20mm$。计算尺寸链。

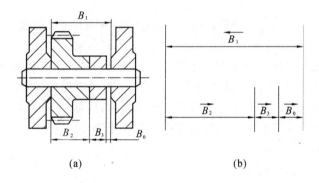

图 4-6 齿轮尺寸链

解:

(1)画出尺寸链图见 4-6(b)所示。从图中分析可知,B_0 为封闭环,B_1 为增环,B_2、B_3 为减环。

(2)列尺寸链方程式:

由 $\sum_{i=1}^{n} A_z - \sum_{i=n+1}^{m} A_j$

得到:$B_0 = B_1 - (B_2 + B_3)$

(3)封闭环公差 $T_0 = 0.3mm - 0.1mm = 0.2mm$,将 T_0 适当分配给各环,取 $T_{B1} = 0.1mm$, $T_{B2} = 0.06mm$, $T_{B3} = 0.04mm$

(4)确定各环上下偏差:因 B_1 是增环,B_2、B_3 为减环,故取 $B_1 = 80_{0}^{+0.1}mm$, $B_2 = 60_{-0.06}^{0}$ mm,对 B_3 进行极限尺寸计算:

由:$A_{0max} = \sum_{i=1}^{n} A_{zmax} - \sum_{i=n+1}^{m} A_{jmin}$

得到:$B_{0max} = B_{1max} - (B_{2min} + B_{3min})$,于是

$B_{3min} = B_{1max} - (B_{2min} + B_{0max}) = (80+0.1) - (60-0.06+0.3) = 19.86mm$

由:$A_{0min} = \sum_{i=1}^{n} A_{zmin} - \sum_{i=n+1}^{m} A_{jmax}$

得到：$B_{0min} = B_{1min} - (B_{2max} + B_{3max})$，于是

$B_{3max} = B_{1min} - (B_{2max} + B_{0min}) = (80+0) - (60+0+0.1) = 19.9\text{mm}$

即 $B_3 = 20^{-0.1}_{-0.14}\text{mm}$

当尺寸链各环按上述计算所得的尺寸来制造，装配时就不需要任何选择和修整，就能保证达到预定的装配技术要求。

例题 4-2　如图 4-7(a)所示的零件，$50^{0}_{-0.17}$ 已经加工到位，如何由测量控制孔深加工尺寸以保证 $10^{0}_{-0.36}$，请用尺寸链进行计算说明。

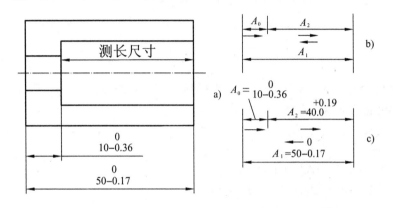

图 4-7　例题 4-2

解：

(1)画出尺寸链图见 4-7(b)、(c)所示。分析后发现 A_1 是增环、A_2 是减环，A_0 是封闭环。

(2)列尺寸链方程式：

由 $A_0 = \sum_{i=1}^{n} A_z - \sum_{i=n+1}^{m} A_j$

得到：$A_0 = A_1 - A_2$，于是得到：$A_2 = A_1 - A_0 = 50 - 10 = 40\text{mm}$

(3)确定各环上下偏差：因 A_1 是增环，A_2 为减环，故取 $A_1 = 50^{0}_{-0.17}\text{mm}$，$A_0 = 10^{+0}_{-0.36}\text{mm}$，对 A_2 进行极限尺寸计算：

由：$A_{0max} = \sum_{i=1}^{n} A_{zmax} - \sum_{i=n+1}^{m} A_{jmin}$

得到：$A_{0max} = A_{1max} - A_{2min}$，于是

$A_{2min} = A_{1max} - A_{0max} = (50+0) - (10+0) = 40\text{mm}$

由：$A_{0min} = \sum_{i=1}^{n} A_{zmin} - \sum_{i=n+1}^{m} A_{jmax}$

得到：$A_{0min} = A_{1min} - A_{2max}$，于是

$A_{2max} = A_{1min} - A_{0min} = (50-0.17) - (10-0.36) = 40.19\text{mm}$

即 $A_2 = 40^{+0.19}_{0}\text{mm}$

例题 4-3　如图 4-8(a)所示的零件，$280^{+0.1}_{0}$、$80^{0}_{-0.06}$ 已经加工到位，如何控制 A_3 尺寸才能保证 $100^{+0.15}_{-0.15}$，请用尺寸链进行计算说明。

解：

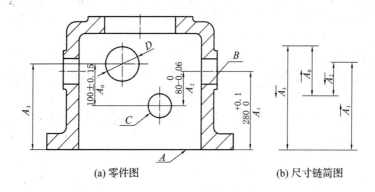

(a) 零件图　　　　　　　　　(b) 尺寸链简图

图 4-8　　例题 4-3

(1)画出尺寸链图见 4-8(b)所示。分析得到 A_2、A_3 是增环、A_1 是减环，A_0 是封闭环。

(2)列尺寸链方程式：

由 $A_0 = \sum_{i=1}^{n} A_z - \sum_{i=n+1}^{m} A_j$

得到：$A_0 = A_2 + A_3 - A_1$，于是得到：

$A_3 = A_1 + A_0 - A_2 = 280 + 100 - 80 = 300$mm

(3)确定各环上下偏差：因 A_2、A_3 是增环，A_1 为减环，故取 $A_1 = 280_{0}^{+0.1}$mm，$A_2 = 80_{-0.06}^{+0}$mm，$A_0 = 100_{-0.15}^{+0.15}$mm，对 A_3 进行极限尺寸计算：

由：$A_{0max} = \sum_{i=1}^{n} A_{zmax} - \sum_{i=n+1}^{m} A_{jmin}$

得到：$A_{0max} = A_{2max} + A_{3max} - A_{1min}$，于是

$A_{3max} = A_{0max} + A_{1min} - A_{2max} = (100 + 0.15 + 280 - 0) - (80 + 0) = 300.15$mm

由：$A_{0min} = \sum_{i=1}^{n} A_{zmin} - \sum_{i=n+1}^{m} A_{jmax}$

得到：$A_{0min} = A_{2min} + A_{3min} - A_{1max}$，于是

$A_{3min} = A_{1max} + A_{0min} - A_{2min} = (280 + 0.1 + 100 - 0.15) - (80 - 0.06) = 300.01$mm

即 $A_3 = 300_{+0.01}^{+0.15}$mm

第5章　钳工实训五　模具装配训练、试模

5.1　钳工实训五说明

钳工实训五说明，如表 5-1 所示。

表 5-1　钳工实训五说明

实训名称	实训五　模具装配训练、试模(分成 4 组，每组 8～9 个同学)
实训内容描述	按照钳工高级工考核要求，完成冲裁模具的装配、试模训练，第五周要求要按照整套模具，分成各个零部件，完成整套模具的装配、试模，对所加工的模具进行正确评估。
教学目标	1. 专业技能 　模具装配工艺编排；模具正确装配；能够进行一般模具的试模调试，能够正确使用常用量具对试件进行检验，能够对模具常见故障进行判断及处理。 2. 方法能力 　模具装配； 　倒装复合模，先装上模； 　现场教学示范模具间隙的调整方法：切纸法； 　模具装配调整。 3. 社会能力 　按照企业职场要求，进行安全生产，团队协作，对设备和量具正确维护和使用，每日完毕必须清理现场，做到卫生合格。
贯穿实训过程中的知识要点	1. 按照要求完成冲压零件的加工； 2. 每小组提交冲压零件； 3. 每个人提交装配工艺报告； 4. 掌握模具钳工的基本操作技能。
师资能力和数量要求	校内教师	企业技术人员：
硬件条件	设备清单数量：台虎钳 20；钻床：1；砂轮机 1；线切割：1；电火花：1

续表

实训名称	实训五 模具装配训练、试模(分成4组,每组8~9个同学)
教学组织	1. 现场教学示范操作上、下模的装配方法,配钻、钻铰的方法,平行夹的使用方法; 2. 凸模固定板钻孔、攻螺纹、钻销钉孔,通过凸模固定板配钻卸料板螺纹底孔; 3. 各小组提供模具装配工艺编排; 4. 装配过程的注意事项进行体会与总结; 5. 各小组进行模具装配调整; 6. 按照要求完成冲压零件的加工; 7. 每小组提交冲压零件; 8. 每个人提交装配工艺报告。
准备工作	1. 资料:冲裁模具零件图1套,4份,每小组1份; 2. 软件:CAD 3. 低值耐用品、工具:游标卡尺:10;直角尺:4;手锯:20;锉:15;划针:1;划线盘:1;划规:1;涂色料:1;样冲:1 4. 消耗材料:

材料	尺寸(mm)	重量(kg)
下模座板	125×125×35	25.56
凸凹模	64×42×30	4.8
上垫板	125×125×8	10.24
推件块	69×32×20	3.12
凸模	×11×40	0.544
上模座板	125×125×30	22.76
凸模固定板	125×125×14	13.64
空心垫板	125×125×12	12.52
卸料板	125×125×10	11.36
凸凹模固定板	125×125×14	13.64
下垫板	125×125×6	2.2784

实施地点	
实训教学评价方式	各小组提供一套制作的模具,由小组之间进行对比,教师点评; 各小组提交一套完整的制作工艺报告; 每个同学提交一份自己制作模具具体零件的加工工艺编排书面报告。
备注	

5.2 按照产品零件图加工零件

按照发放的产品零件图、模具装配图要求,每个小组完成模具装配工艺编排,共6学时。具体内容见表5-2所示。

表 5-2 按照产品零件图加工零件

步骤	教学内容	教学方法	教学手段	学生活动	时间分配
教师示范,同学练习,阶段点评课,从中进行分析	按照钳工高级工考核要求,完成冲裁模具的装配、试模训练,要求要按照整套模具,分成各个零部件,完成整套模具的装配、试模,对所加工的模具进行正确评估。	以小组为单位领取作业所需的工具和材料,安排好各小组的工位场地。	安排学生以小组为单位进行讨论,要求每个成员提出自己加工工艺。	个别回答	10 分钟
引入(任务一:按照发放的产品零件图、模具装配图要求,每个小组完成模具装配工艺编排)。	集中学生进行作业任务书的细致讲解,提出具体考核目标和要求,制作的模具装配的方法、步骤和技术要求;要求同学掌握装配知识和模具装配工艺编排。	按照学习小组下发任务书,讲解,提出具体考核目标和要求。	教师参与各小组的讨论,提出指导性意见或建议。	小组讨论代表发言互相点评	30 分钟
操练	模具装配工艺编排,模具装配。	安排各小组选派代表陈述本小组制定的制作思路,提出存在的问题。	要求各小组确定最终工艺方法。	学生模仿	60 分钟
深化(加深对基本能力的体会)	现场教学示范操作上、下模的装配方法,配钻、钻铰的方法,平行夹的使用方法。	各小组实施加工制作作业,教师进行安全监督及指导。	课件板书	学生实际操作个人操作小组操作集体操作	30 分钟
归纳(知识和能力)	各小组提供模具装配工艺编排,由小组之间进行对比,教师点评;各小组提交一套完整的装配工艺报告。	要求各小组进行阶段总结和互评。	课件板书	小组讨论代表发言	30 分钟
训练巩固拓展检验	训练项目:按照发放的产品零件图、模具装配图要求,每个小组完成模具装配工艺编排。	考察各小组作业完成的进度,观察各位学生的工作态度、劳动纪律、操作技能。	课件板书	个人操作小组操作集体操作	120 分钟

续表

步骤	教学内容	教学方法	教学手段	学生活动	时间分配
总结	各小组对制作结果进行总结、修改。	教师讲授或提问	课件 板书		18分钟
作业	作业题、要求、完成时间。				2分钟
后记					

本单元的主要任务是在教师指导下,每个加工模具零件小组,不但对自己要加工的模具零件加工工艺做到心里清楚,而且对整套模具的装配工艺和装配要领做到心中有数,按照发放的产品零件图、模具装配图要求,每个小组完成模具装配工艺编排报告,并经过教师认可后方可进行实际加工阶段。

5.2.1 装配

教学目标:指导学生学习有关装配的知识,掌握装配的技术要求。

一、装配的概念、工艺及内容

装配概念:按照规定的技术要求,将零件组合成组件,并进一步结合成部件以至整台机器的过程,分别称为装配。机器制造装配过程如图5-1所示。

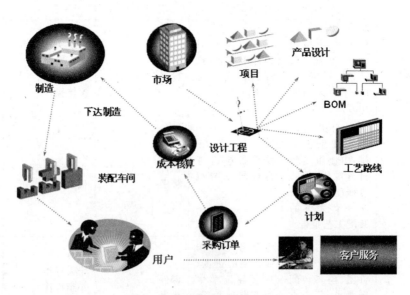

图 5-1　机器的装配流程

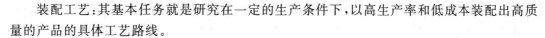

装配工艺:其基本任务就是研究在一定的生产条件下,以高生产率和低成本装配出高质量的产品的具体工艺路线。

装配工作的基本内容:

(1)清洗:去除粘附在零件上的灰尘、切屑和油污。清洗后的零件通常还具有一定的中间防锈能力。

(2)联接:分为可拆卸联接和不可拆卸连接,可拆卸联接有螺纹联接、键联接和销钉联接等,其中以螺纹联接的应用最为广泛。不可拆卸联接有焊接、铆接及过盈连接等。

(3)校正、调整与配作:校正是指产品中相关零部件相互位置的找正、找平及相应的调整工作。配作通常指配钻、配铰、配刮和配磨等。

(4)平衡:防止运转平稳性要求较高的机器在使用中出现振动。

(5)验收试验:根据有关技术标准和规定,对其进行比较全面的检验和试验。

二、装配精度与零件精度

装配精度:装配精度不仅影响机器或部件的工作性能,而且影响它们的使用寿命。装配精度主要包括:

(1)各部件的相互位置精度;

(2)各运动部件间的相对运动精度;

(3)配合表面间的配合精度和接触质量。

装配精度与零件精度间的关系:

(1)机器和部件是由许多零件装配而成的,所以,零件的精度特别是关键零件的精度影响相应的装配精度。

(2)当装配精度要求较高时,采用适当的工艺措施(零件按经济精度加工)保证装配精度。

三、装配尺寸链的建立

有关尺寸链的概念在 4.4 中已经介绍了,在此就不赘述了。

四、保证装配精度的装配方法

常用装配方法有:互换法、修配法、调整法。

(1)互换装配法

在装配过程中,零件互换后仍能达到装配精度要求的装配方法。其实质是用控制零件加工误差来保证装配精度。根据零件的互换程度不同,互换法又可分为完全互换法和不完全互换法。

完全互换法:合格的零件在进入装配时,不经任何选择、调整和修配就可以使装配对象全部达到装配精度的装配方法,称之为完全互换法。

其方法是各有关零件公差之和应小于或等于装配公差。

特点：装配工作简单，生产率高，有利于组成流水生产、协作生产，同时也有利于维修和配件制造，生产成本低。但当装配精度要求较高，组成环较多时，零件难以按经济精度制造。

用途：用于少环尺寸链或精度不高的多环尺寸链中。适用于任何生产类型。

不完全互换法：指机器或部件的所有合格零件，在装配时无须选择、修配或改变其大小或位置，装入后即能使绝大多数装配对象达到装配精度的装配方法。

其实质是零件按经济精度制造，公差适当放大，零件加工容易，但会使少数产品装配精度达不到要求，但这是小概率事情，总体经济可行。

方法：各有关零件公差平方之和应小于或等于装配公差的平方。

特点：扩大了组成环的制造公差，零件制造成本低，装配过程简单，生产效率高。但会有少数产品达不到规定的装配精度要求，要采取另外的返修措施。

用途：用于大批量生产中装配精度要求高、组成环较多的尺寸链中。

（2）修配法

模具制造中常用的装配方法，既可以适当降低相关零件的制造精度，又可以保证模具的总装精度要求。如：凸、凹模的配合加工，导柱导套的配合加工等。

其方法是在模具的某个零件上预留一定的修研量，总装时根据实际需要进行钳工修配，从而达到装配要求。

优点：可以获得很高的装配精度，降低零件制造精度。

缺点：增加钳工的工作量，依赖工人的技能水平，生产效率低。

采用修配法时应注意的事项：

① 应正确选择修配对象；

② 应正确进行尺寸链的计算，合理确定修配件的尺寸和公差；

③ 应尽量考虑用机械加工方式代替手工作业。

（3）调整法

调整法的实质是与修配法相同的，这是采用一个可以调整尺寸和位置的零件来保证装配精度要求的方法。如：垫片、垫圈、套筒或铜片等。

特点：可以获得很高的装配精度，零件加工要求有一定的精度范围，依靠工人技术水平，调整工时较长，增加零件、增加成本。

5.2.2　模具装配

教学目标：指导学生学习有关模具装配的知识，掌握模具装配的技术要求。

一、模具装配的内容和特点

模具装配概念：根据模具装配图样和技术要求，将模具的零部件按照一定工艺顺序进行配合、定位、连接与紧固，使之成为符合制品生产要求的模具，称为模具装配。其装配过程称为模具装配工艺过程。

模具装配的内容：选择装配基准、组件装配、调整、修配、总装、研磨抛光、检验和试模、修模等工作。

模具装配图及验收技术条件是模具装配的依据,构成模具的标准件、通用件及成型零件等符合技术要求是模具装配的基础。

模具装配工艺规程是指导模具装配的技术文件,也是制订模具生产计划和进行生产技术准备的依据。模具装配工艺规程的制定根据模具种类和复杂程度,各单位的生产组织形式和习惯做法视具体情况可简可繁。

模具装配工艺规程包括:模具零件和组件的装配顺序,装配基准的确定,装配工艺方法和技术要求,装配工序的划分以及关键工序的详细说明,必备的二级工具和设备,检验方法和验收条件等。

在装配时,零件或相邻装配单元的配合和连接,必须按照装配工艺确定的装配基准进行定位与固定,以保证它们之间的配合精度和位置精度,从而保证模具零件间精密均匀的配合,模具开合运动及其他辅助机构(如卸料、抽芯、送料等)运动的精确性。实现保证成形制件的精度和质量,保证模具的使用性能和寿命。通过模具装配和试模也将考核制件的成形工艺、模具设计方案和模具制造工艺编制等工作的正确性和合理性。

模具装配的特点:模具装配属单件装配生产类型,工艺灵活性大。大都采用集中装配的组织形式。模具零件组装成部件或模具的全过程,都是由一个工人或一组工人在固定的地点来完成。模具装配手工操作比重大,要求工人有较高的技术水平和多方面的工艺知识。

二、模具装配精度的要求

(1)相关零件的位置精度:例如定位销孔与型孔的位置精度;上、下模之间,动、定模之间的位置精度;凸模、凹模,型腔、型孔与型芯之间的位置精度等。

(2)相关零件的运动精度:包括直线运动精度、圆周运动精度及传动精度。例如导柱和导套之间的配合状态,顶块和卸料装置的运动是否灵活可靠,送料装置的送料精度。

(3)相关零件的配合精度:相互配合零件的间隙或过盈量是否符合技术要求。

(4)相关零件的接触精度:例如模具分型面的接触状态如何,间隙大小是否符合技术要求,弯曲模、拉深模的上下成形面的吻合一致性等。

模具装配精度的具体技术要求参考相应的模具技术标准。

三、模具装配的工艺方法及工艺过程

模具装配的工艺方法:分为互换装配法和非互换装配法。

模具生产属单件生产,又具有成套性和装配精度高的特点,所以目前模具装配以非互换装配法为主。

随着模具技术和设备的现代化的发展,模具零件制造精度将逐渐满足互换法的要求,将应用互换装配法。本单元着重讲非互换装配法。

非互换装配法:主要有修配装配法和调整装配法。

1. 修配装配法

修配装配法是在某零件上预留修配量,装配时根据实际需要修整预修面来达到装配要求的方法。

修配装配法的优点是能够获得很高的装配精度,而零件的制造精度可以放宽。缺点是装配中增加了修配工作量,工时多且不易预先确定,装配质量依赖工人的技术水平,生产效率低。

采用修配装配法时应注意:

(1)应正确选择修配对象。即选择那些只与本装配精度有关,而与其他装配精度无关的零件作为修配对象。然后再选择其中易于拆装且修配面不大的零件作为修配件。

(2)应通过尺寸链计算。合理确定修配件的尺寸和公差,既要保证它有足够的修配量,又不要使修配量过大。

(3)应考虑用机械加工方法来代替手工修配。如用手持电动或气动修配工具。

2. 调整装配法

将各相关模具零件按经济加工精度制造,在装配时通过改变一个零件的位置或选定适当尺寸的调节件(如垫片、垫圈、套筒等)加入到尺寸链中进行补偿,以达到规定装配精度要求的方法称为调整装配法。

调整装配法的优点是:

(1)在各组成环按经济加工精度制造的条件下,能获得较高的装配精度。

(2)不需要做任何修配加工,还可以补偿因磨损和热变形对装配精度的影响。

调整装配法的缺点是:需要增加尺寸链中零件的数量,装配精度依赖工人的技术水平。

四、冲压模具的装配工艺过程

如图 5-2 所示。其装配的整个过程称为冲模装配工艺过程,要完成模具的装配须做好以下几个环节的工作。

1. 准备工作

(1)分析阅读装配图和工艺过程

通过阅读装配图,了解模具的功能、原理、结构特征及各零件间的连接关系;通过阅读工艺规程了解模具装配工艺过程中的操作方法及验收等内容,从而清晰地知道该模具的装配顺序、装配方法、装配基准、装配精度,为顺利装配模具构思出一个切实可行的装配方案。

(2)清点零件、标准件及辅助材料

按照装配图上的零件明细表,首先列出加工零件清单,领出相应的零件等进行清洗整理,特别是对凸、凹模等重要零件进行仔细检查,以防出现裂纹等缺陷影响装配;其次列出标准件清单、准备所需的销钉、螺钉、弹簧、垫片及导柱、导套、模板等零件;再次列出辅助材料清单,准备好的橡胶、铜片低熔点合金、环氧树脂、无机粘结剂等。

(3)布置装配场地

装配场地是安全文明生产不可缺少的条件,所以将划线平台和钻床等设备清理干净。还需将所需待用的工具、量具、刀具及夹具等工艺装备准备好。

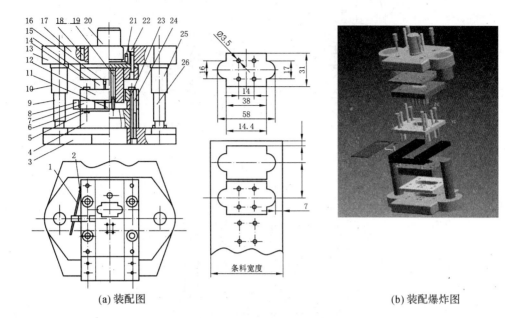

(a)装配图　　　　　　　　　　　　　　(b)装配爆炸图

1-簧片;2、5、24-螺钉;3-下模座;4-凹模;6-承料板;7-导料板;8-始用导料钉;9-26-导柱;
10、25-导套;11-挡料钉;12-卸料板;13-上模座;14-凸模固定板;15-落料凸模;
16-冲孔凸模;17-垫板;18、23-圆柱销;19-导正销;20-模柄;21-防转销;22-内六角螺钉

图 5-2 冲孔落料级进模

2. 装配工作

由于模具属于单件小批生产,所以在装配过程中通常集中在一个地点装配,按装配模具的结构内容可分为组件装配和总体装配。

(1)组件装配

组件装配是把两个或两个以上的零件按照装配要求使之成为一个组件的局部装配工作简称组装装配。如冲模中的凸(凹)模与固定板的组装、顶料装置的组装等。这是根据模具结构复杂的程度和精度要求进行的,对整体模具的装配、减小累积误差起到一定的作用。

1)模柄的装配

模柄是中、小型冲压模具用来装夹模具与压力机滑块的连接件,它是装配在上模座板中。对它的基本要求是:一要与压力机滑块上的模柄孔正确配合,安装可靠;二要与上模正确而可靠连接。本实训的模柄采用压入式模柄,它与模座孔采用过渡配合 H7/m6、H7/h6,并加销钉以防转动。这种模柄可较好保证轴线与上模座的垂直度。适用于各种中、小型冲模,生产中最常见。常用的模柄装配方式有:压入式模柄的装配、旋入式模柄的装配、凸缘式模柄的装配。

压入式模柄的装配:装配的要点是将压入式模柄装配于上模座内,并磨平端面。压入式模柄装配如图 5-3 所示,它与上模座孔采用 H7/m6 过渡配合并加销钉(或螺钉)防止转动,装配完后将端面在平面磨床上磨平。该模柄结构简单、安装方便、应用较广泛。

旋入式模柄的装配:旋入式模柄的装配如图 5-4 所示,它通过螺纹直接旋入上模座板上而固定,用紧定螺钉防松,装卸方便,多用于一般冲模。

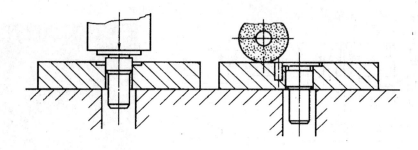

图 5-3　压入式模柄

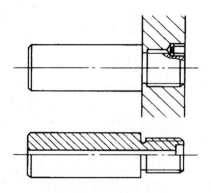

图 5-4　旋入式模柄图

　　凸缘式模柄的装配:凸缘式模柄的装配如图 5-5 所示,它利用 3～4 个螺钉固定在上模座的窝孔内,其螺帽头不能外凸,它多用于较大的模具。

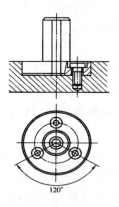

图 5-5　凸缘式模柄

　　以上三种模柄装入上模座后必须保持模柄圆柱面与上模座上平面的垂直度,其误差不大于 0.05mm。

　　2)导柱和导套的装配

　　装配的要点是将导柱、导套压入上、下模板,成为模架。

　　导柱是为上、下模座相对运动提供精密导向的圆柱形零件,多数固定在下模座,与固定在上模座的导套配合使用。导套是为上、下模座相对运动提供精密导向的管状零件,多数固定在上模座内,与固定在下模座的导柱配合使用。

常用的装配方法有:压入法装配、其他方法装配。这里主要介绍压入法装配。

压入法装配:压入法装配导柱、压入法装配导套。

压入法装配导柱:如图 5-6 所示,它与下模座孔采用 H7/m6 过渡配合。压入时要注意校正导柱对模座底面的垂直度。注意控制压到底面时留出(1～2)mm 的间隙。

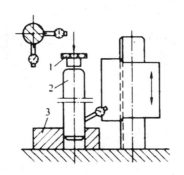

1-压块;2-导柱;3-下模座

图 5-6 压入导柱

压入法装配导套:如图 5-7 所示,它与上模座孔采用 H7/m6 过渡配合。压入时是以下模座和导柱来定位的,并用千分表检查导套压配部分的内外圆的同轴度,并使 Δmax 值放在两导套中心连线的垂直位置上,减小对中心距的影响。达到要求时将导套部分压入上模座,然后取走下模座,继续把导套的压配部分全部压入。

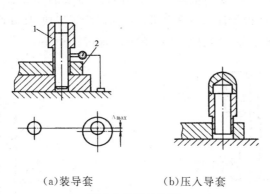

(a)装导套　　　　(b)压入导套

图 5-7 导套的装配

其他方法装配:

冲裁厚度小于 2mm 以下精度要求不高的中小型模架可采用粘结剂粘接(图 5-8)或低熔点合金浇注(图 5-9)的方法进行装配。使用该方法的模架,结构简单、便于冲模的装配与维修。

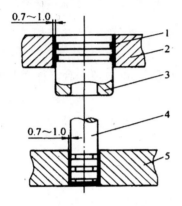

1- 粘结剂;2-上模座;3-导套;
4-导柱;5-下模座
图 5-8 导柱、导套粘结

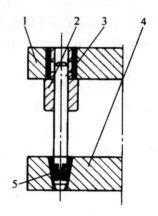

1-上模座;2-导套;3-导柱;
4-下模座;5-低熔点合金
图 5-9 低熔点合金浇注模架

3)凸(凹)模的装配

凸模是冲模中起直接形成冲件作用的凸形工作零件,即以外形为工作表面的零件。凹模是冲模中起直接形成冲件作用的凹形工作零件,即以内形为工作表面的零件。凸(凹)模的装配关键在于凸、凹模的固定与间隙的控制。

凸模、凹模的固定方法:有压入固定法、铆接固定法和螺钉紧固法。

压入固定法:

如图 5-10 和 5-11 所示,该方法将凸模直接压入到固定板的孔中,成为凸模组件,这是装配中应用最多的一种方法,两者的配合常采用 H7/n6 或 H7/m6。

装配后须端面磨平,以保证垂直度要求。压入时为了方便,要在凸模压入端上或固定板孔入口处应设计有引导锥部分,长度为(3~5)mm 即可。

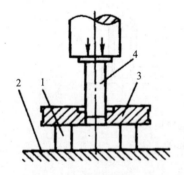

1-等高垫块;2-平台;3-固定板;4-凸模
图 5-10 凸模压入法

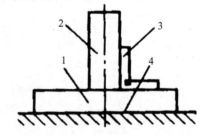

1-固定板;2-凸模;3-角度尺;4-平台
图 5-11 凸模压入时的检查

铆接固定法:

如图 5-12 所示,凸模尾端被锤和凿子铆接在固定板的孔中,常用于冲裁厚度小于 2mm 的冲模。该方法装配精度不高,凸模尾端可不经淬硬或淬硬不高(低于 30HRC)。凸模工作部分长度应是整长的 1/2~1/3。

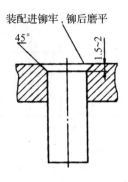

图 5-12　铆接固定法

螺钉紧固法：

如图 5-13 所示，将凸模直接用螺钉、销钉固定到模座或垫板上，要求牢固，不许松动，该方法常用于大中型凸模的固定。

凸模凹模间隙的控制：

为了保证冲模的装配质量和精度，在装配时必须控制其凸、凹模的正确位置和间隙均匀，常用的控制方法有：垫片法、透光法、测量法。

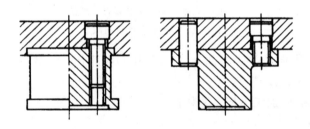

图 5-13　螺钉紧固法

垫片法：如图 5-14 所示，是在凹模刃口周边适当部位放入金属垫片，其厚度等于单边间隙值，在装配时，按图样要求及结构情况确定安装顺序。一般先将下模用螺钉、销钉紧固，然后使凸模进入相应的凹模型腔内并用等高垫块垫起摆平。这时用锤子轻轻敲打固定板，使间隙均匀垫片松紧度一致。调整完后，再将上模座与固定板紧固。该方法常用于间隙偏大的冲模。

透光法：如图 5-15 所示，是凭眼睛观察从间隙中透过光线的强弱来判断间隙的大小和均匀性。装配时，用手电筒或手灯照射凸、凹模，可在下模漏料孔中仔细观察，边看边用锤子敲击凸模固定板，进行调整，直到认为合适时即可，再将上模螺钉及销钉紧固。

测量法：是利用塞尺片检查凸、凹模之间的间隙大小均匀程度，在装配时，将凹模紧固在下模座上，上模安装后不固紧。合模后用塞尺在凸、凹模刃口周边检测，进行适当调整，直到间隙均匀后再固紧上模，穿入销钉。

（2）总体装配

总体装配是把零件和组件通过连接或固定，而成为模具整体的装配工作简称总装。总装要根据装配工艺规程安排，依照装配顺序和方法进行、保证装配精度，达到规定技术指标。

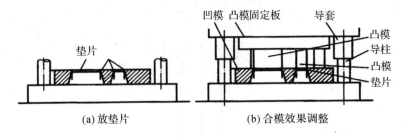

(a) 放垫片　　　　　　　(b) 合模效果调整

图 5-14　用垫片控制凹模刀口处间隙

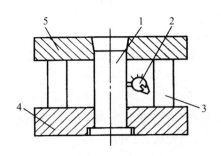

1-凸模;2-光源;3-垫块;4-固定板 5-凹模

图 5-15　透光法调整间隙

主要包括:确定装配基准、安装上模部分、安装弹压卸料部分。

确定装配基准,包括:

1)安装凸凹模组件,加工下模座漏料孔;

2)加工漏料孔;

3)安装凸凹模组件。

安装上模部分,包括:

1)检查上模各个零件尺寸是否满足装配技术条件要求;

2)安装上模,调整冲裁间隙;

3)钻铰上模销孔和螺孔。

安装弹压卸料部分,包括:

1)安装弹压卸料板;

2)安装卸料橡胶和定位销。

(3)检验

检验是一项重要不可缺少的工作,它贯穿于整个工艺过程之中,在单个零件加工之后,组件装配之后以及总装配完工之后,都要按照工艺规程的相应技术要求进行检验,其目的是控制和减小每个环节的误差,最终保证模具整体装配的精度要求。

模具装配完工后经过检验、认定,在质量上没有问题,这时可以安排试模,通过试模发现是否存在设计与加工等技术上的问题,并随之进行相应的调整或修配,直到使制件产品达到质量标准时,模具才算合格。

5.3　冲模装配

按照模具装配图要求,每个小组完成模具具体装配,共 12 学时。具体内容见表 5-3 所示。

表 5-3　模具装配步骤

步骤	教学内容	教学方法	教学手段	学生活动	时间分配
教师示范,同学练习,阶段点评课,从中进行分析	按照钳工高级工考核要求,完成冲裁模具的装配、试模训练,要求要按照整套模具,分成各个零部件,完成整套模具的装配、试模,对所加工的模具进行正确评估。	以小组为单位领取作业所需的工具和材料,安排好各小组的工位场地。	安排学生以小组为单位进行讨论,要求每个成员提出自己加工工艺。	个别回答	20分钟
引入(任务二:按照模具装配图要求,每个小组完成模具具体装配)	集中学生进行作业任务书的细致讲解,提出具体考核目标和要求,制作的模具装配的方法、步骤和技术要求;模具装配工艺编排。	按照学习小组下发任务书,讲解,提出具体考核目标和要求。	教师参与各小组的讨论,提出指导性意见或建议。	小组讨论代表发言互相点评	60分钟
操练	模具装配工艺编排,模具装配。	安排各小组选派代表陈述本小组制定的制作思路,提出存在的问题。	要求各小组确定最终工艺方法。	学生模仿	60分钟
深化(加深对基本能力的体会)	现场教学示范操作凸模固定板钻孔、攻螺纹、钻销钉孔,通过凸模固定板配钻卸料板螺纹底孔。	各小组实施加工制作作业,教师进行安全监督及指导。	课件板书	学生实际操作个人操作小组操作集体操作	40分钟

续表

步骤	教学内容	教学方法	教学手段	学生活动	时间分配
归纳（知识和能力）	模具装配；倒装复合模，先装上模；现场教学示范模具间隙的调整方法：切纸法模具装配调整。	要求各小组进行阶段总结和互评。	课件板书	小组讨论代表发言	200分钟
训练巩固拓展检验	训练项目：按照模具装配图要求，每个小组完成模具具体装配。	考察各小组作业完成的进度，观察各位学生的工作态度、劳动纪律、操作技能。	课件板书	个人操作小组操作集体操作	200分钟
总结	各小组对制作结果进行总结、修改。	教师讲授或提问	课件板书		18分钟
作业	作业题、要求、完成时间。				2分钟
后记					

本单元要求所有同学高质量地完成自己加工的零件，并以小组为单位认真进行模具装配，每个小组在规定时间内完成模具装配，并由教师对小组每个成员进行现场答辩，以明确每个人掌握的情况，便于考核。

止动件冲孔落料复合模具总装配图，如图5-16所示。

以下是同学们在实训中某一小组完成的图5-16冲压模具装配工艺报告范例，供实训中参考。

模具装配工艺报告：

1. 装配前的准备工序

（1）按照装配图纸和零件图的要求，对已经完成的全部模具零件和外委加工好的零件进行复验。

（2）将凸凹模按工作位置放在下模座上，划出漏料型孔线并加工漏料孔，使各边比型孔线大1～2mm。

（3）找上模座中心，按照模柄尺寸镗模柄孔，并使配合部分保证双边0.02mm的过盈。

2. 凸模与固定板的组装

（1）将安装直通式凸模的型孔倒角，钻或铣台阶式凸模型孔的沉孔。

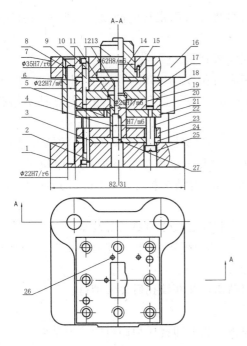

图 5-16 学生制作的冲压模具实物

(2)将直通式凸模尾部退火并反铆。

(3)安装凸模,安装凸模时应先装大截面的落料凸模,装入后用角尺检查保证凸模与固定板垂直为止。再装离落料凸模最远的凸模(或侧刃),装入后要将凸模插入凹模并用透光法将间隙调整均匀为止。其余凸模都按第一个凸模的安装方法依次安装完毕后结束。

(4)磨光凸模固定板的背面和刃口面。

3. 总装

(1)将凹模安装在上模座上。

① 将凹模按工作位置放在上模座上,使凸凹模型孔中心与上模座孔对准后用平行夹夹紧。

② 在钻床工作台上垫上等高垫铁后,再将夹好的上模座与凹模放在钻床工作台上的垫铁上,用 $\phi8.5$mm 的钻头由凹模方向向上模座方向引钻螺钉孔位。

③ 拆开平行夹,将下模座正放在钻床工作台上,用 $\phi12$mm 的钻头钻 $4\times\phi12$mm 的螺钉过孔。

④ 将上模座底部朝上,用 $\phi16.5$mm 的钻头将 $4\times\phi11$mm 的孔扩大,深度为 10mm。

⑤ 用 $\phi16.2$mm 的镗孔钻将 $4\times\phi16.5$mm 的空底镗平,保证深度 12mm。

⑥ 再将凹模按工作位置放在上模座上用螺钉拧紧。

⑦ 用 $\phi10$mm 的钻头夹在钻床上,反转插入 $\phi10+0.015$mm 的销钉孔中定为后再用 $\phi9.8$mm 的钻头由凹模向上模座钻 $\phi10+0.015$mm 的预孔后再铰孔。

⑧ 选配销钉并装入。

⑨ 重复⑦、⑧的工作,钻铰第二个销钉孔并装入第二个销钉。

（2）将装好凹模的上模座平放在工作台上，再将装有固定板的凸模插入凹模，在凹模和固定板之间垫两块等高垫铁。

（3）合拢下模座，用平行夹具将上模座和固定板夹紧。

（4）拔出下模座及固定板，从固定板向下模座引孔，用 $\phi6.5$mm 的钻头引钻 $4\times$M8 的螺钉过孔孔位，用 $\phi7$mm 的钻头引钻 $4\times\phi12$mm 的螺钉头的过孔孔位（都只是点钻不钻孔），再拆下平行夹。

（5）下模座钻孔并扩孔。将导套朝上，用 $\phi11$mm 的钻头钻 $4\times\phi10$mm 的螺钉过孔，用 $\phi16.6$mm 的钻头钻 $4\times\phi10$mm 的卸料螺钉头的过孔。翻面后在下面垫上两块平行垫铁（垫铁高度大于导套伸出模座面得长度）用 $\phi16.5$mm 的钻头扩 $4\times\phi11$mm 的孔并沉孔，镗孔，保证深度为 12mm。

（6）再将装有固定板的凸模插入凹模，在凹模和固定板之间垫入等高垫铁。

（7）在固定板上面加上垫板后合拢装有模柄后的上模座，再装入螺钉并用平行夹夹紧。

（8）调整间隙，再逐渐拧紧固定螺钉和平行夹。

（9）拔出上模部分，有固定板向上模座方向钻销钉孔并铰孔后装入销钉。

（10）下模装上卸料板。

（11）下模固定板上垫入要求厚度的卸料弹簧并装上卸料板和卸料螺钉后结束。

4. 检验并调试

5.4　冲模安装与调试

按照模具装配图要求，每个小组完成模具具体调试和试模，共 12 学时。具体内容见表 5-4 所示。

表 5-4　模具安装与调试步骤

步骤	教学内容	教学方法	教学手段	学生活动	时间分配
教师示范，同学练习，阶段点评课，从中进行分析。	按照钳工高级工考核要求，完成冲裁模具的装配、试模训练，要求要按照整套模具，分成各个零部件，完成整套模具的装配、试模，对所加工的模具进行正确评估。	以小组为单位领取作业所需的工具和材料，安排好各小组的工位场地。	安排学生以小组为单位进行讨论，要求每个成员提出自己加工工艺。	个别回答	20 分钟

续表

步骤	教学内容	教学方法	教学手段	学生活动	时间分配
引入（任务三：按照模具装配图要求，每个小组完成模具具体调试和试模）	集中学生进行作业任务书的细致讲解，提出具体考核目标和要求，制作的模具装配的方法、步骤和技术要求；模具装配工艺编排。	按照学习小组下发任务书，讲解，提出具体考核目标和要求。	教师参与各小组的讨论，提出指导性意见或建议。	小组讨论代表发言互相点评	60 分钟
操练	模具装配工艺编排，模具装配。	安排各小组选派代表陈述本小组制定的制作思路，提出存在的问题。	要求各小组确定最终工艺方法。	学生模仿	60 分钟
深化（加深对基本能力的体会）	模具装配工艺编排；模具正确装配；能够进行一般模具的试模调试，能够正确使用常用量具对试件进行检验，能够对模具常见故障进行判断及处理。	各小组实施加工制作作业，教师进行安全监督及指导。	课件板书	学生实际操作个人操作小组操作集体操作	40 分钟
归纳（知识和能力）	每个人提交装配工艺报告；掌握模具钳工的基本操作技能模具装配调整。	要求各小组进行阶段总结和互评。	课件板书	小组讨论代表发言	200 分钟
训练巩固拓展检验	训练项目：按照模具装配图要求，每个小组完成模具具体调试和试模。	考察各小组作业完成的进度，观察各位学生的工作态度、劳动纪律、操作技能。	课件板书	个人操作小组操作集体操作	200 分钟
总结	各小组对制作结果进行总结、修改。	教师讲授或提问	课件板书		18 分钟
作业	作业题、要求、完成时间。				2 分钟
后记					

　　本单元要求每一个同学对自己本组加工并装配好的模具进行调试,并在冲床上在技术人员指导下完成冲件任务,通过实际加工,了解模具的真正用途,同时检验本组模具生产的产品质量是否达到设计要求,从中找到制作过程中的问题,以便在下一周的实训中知识和技能得到进一步提高。

第6章　钳工实训六　模具钳工高级工考核培训

6.1　钳工实训六说明

钳工实训六说明,如表 6-1 所示。

表 6-1　钳工实训六说明

实训名称	实训六　模具钳工高级工考核培训(每个同学一组)	
实训内容描述	围绕模具钳工或工具钳工高级工取证要求,进行理论和技能训练,力求取证率达到较高水平。	
教学目标	1. 专业技能 　按照指定工作台,进行划线练习;进行锯削、锉削练习,熟练使用手锯和各种锉的使用方法;同时由指导教师布置部分理论习题进行训练。 　2.方法能力 　按照发放产品零件图进行平面和立体划线,要求看懂图纸,明确基准,确保尺寸要求; 　按照图纸尺寸要求,将一个钢材平板锯出一个指定样板,对于锯削、锉削的注意事项进行体会与总结。 　3. 社会能力 　按照企业职场要求,进行安全生产,团队协作,对设备和量具正确维护和使用,每日完毕必须清理现场,做到卫生合格。	
贯穿实训过程中的知识要点	1. 能够进行复形样板的主体划线; 2. 能够按图样要求钻复杂工件上的小孔、斜孔、深孔、盲孔、多孔、相交孔; 3. 能够刃磨标准麻花钻; 4. 能够修配 R3.0 圆角和斜面; 5. 能够确保公差等级达到:锉削:IT8、钻孔 IT10; 6. 保证形位公差:锉削对称度 0.06mm,表面粗糙度锉削 $Ra1.6\mu m$,钻孔 $Ra3.2\mu m$。 7. 掌握模具钳工的基本操作技能; 8. 对模具钳工所需的理论要较好地掌握。	
师资能力和数量要求	校内教师:	企业技术人员:
硬件条件	设备清单数量:台虎钳、钻床。	

续表

实训名称	实训六　模具钳工高级工考核培训(每个同学一组)
教学组织	1. 明确实训、取证考核任务和出勤、安全以及学习实训要求,使得同学们在实训过程中进行相关知识的学习; 2. 按照小组发放工具、量具,由组长负责保管; 3. 发放产品零件图; 4. 按照发放产品零件图进行平面和立体划线,要求看懂图纸,明确基准,确保尺寸要求; 5. 划线的注意事项进行体会与总结; 6. 按照图纸尺寸要求,将一个钢材平板锯出一个指定样板的锉削练习,同时进行阶段考核; 7. 组织同学进行钳工理论知识的学习和考核。
准备工作	1. 资料:模具零件图,每小组一份 2. 软件:CAD ,钳工课件 3. 低值耐用品、工具:游标卡尺;直角尺;手锯;锉;划针;划线盘;划规;涂色料;样冲 4. 消耗材料
实施地点	
实训教学评价方式	
备注	

6.2　理论技能训练

围绕模具钳工或工具钳工高级工取证要求,进行理论技能训练,共 6 学时。具体内容见表 6-2 所示。

表 6-2　理论技能训练

步骤	教学内容	教学方法	教学手段	学生活动	时间分配
教师示范,同学练习,阶段点评课,从中进行分析	围绕模具钳工或工具钳工高级工取证要求,进行理论学习,力求取证率达到较高水平。	以小组为单位领取作业所需的工具和材料,安排好各小组的工位场地。	安排学生以小组为单位进行讨论,要求每个成员陈述自己的理解。	个别回答	10 分钟
引入(任务一:围绕模具钳工或工具钳工高级工取证要求,进行理论技能训练)	集中学生进行作业任务书的细致讲解,提出具体考核目标和要求。	按照学习小组下发任务书,讲解,提出具体考核目标和要求。	教师参与各小组的讨论,提出指导性意见或建议。	小组讨论代表发言互相点评	30 分钟

续表

步骤	教学内容	教学方法	教学手段	学生活动	时间分配
操练	要求同学进行文献查询,分成几组进行讨论,小组之间互评,教师点评。	安排各小组选派代表陈述本小组制定的学习思路和实践体会,提出存在的问题。	要求各小组确定最终工艺方法。	学生模仿	60 分钟
深化(加深对基本能力的体会)	现场教学讲解模具钳工所设计的主要理论知识点。	各小组认真组织理论学习,通过五周实践体会,达到对理论知识的掌握。	课件板书	学生实际操作个人操作小组操作集体操作	30 分钟
归纳(知识和能力)	各小组陈述学习体会,由小组之间进行对比,教师点评。	要求各小组进行阶段总结和互评。	课件板书	小组讨论代表发言	30 分钟
训练巩固拓展检验	训练项目:围绕模具钳工或工具钳工高级工取证要求,进行理论技能训练。	考察各小组作业完成的进度,观察各位学生的工作态度、劳动纪律、操作技能。	课件板书	个人操作小组操作集体操作	120 分钟
总结	各小组对阶段学习结果进行总结、改进。	教师讲授或提问	课件板书		18 分钟
作业	作业题、要求、完成时间。				2 分钟
后记					

本单元主要任务是在经过五周的实训结束后,需要系统地对前面教学中的理论知识进行梳理、归纳、总结,因此教师要组织同学根据实训中存在的问题,结合钳工高级工考核需要的理论知识进行提问,并要求同学回答,从中引导同学们真正掌握理论知识,准备迎接市劳动局的钳工高级工的理论考核。

6.3 操作技能训练

围绕模具钳工或工具钳工高级工取证要求,进行操作技能训练,共 12 学时。具体如表 6-3 所示。

表 6-3　操作技能训练

步骤	教学内容	教学方法	教学手段	学生活动	时间分配
教师示范,同学练习,阶段点评课,从中进行分析	围绕模具钳工或工具钳工高级工取证要求,进行技能训练,力求取证率达到较高水平。	以小组为单位领取作业所需的工具和材料,安排好各小组的工位场地。	安排学生以小组为单位进行讨论,要求每个成员陈述自己的理解。	个别回答	10分钟
引入(任务二:围绕模具钳工或工具钳工高级工取证要求,进行操作技能训练)	集中学生进行作业任务书的细致讲解,提出具体考核目标和要求。	按照学习小组下发任务书,讲解,提出具体考核目标和要求。	教师参与各小组的讨论,提出指导性意见或建议。	小组讨论代表发言互相点评	30分钟
操练	能够按图样要求钻复杂工件上的小孔、斜孔、深孔、盲孔、多孔、相交孔;能够刃磨标准麻花钻;能够修配R3.0圆角和斜面。	安排各小组选派代表陈述本小组制定的操作思路和实践体会,提出存在的问题。	要求各小组确定最终工艺方法。	学生模仿	180分钟
深化(加深对基本能力的体会)	能够确保公差等级达到:锉削:IT8、钻孔IT10;保证形位公差:锉削对称度0.06mm,表面粗糙度锉削$Ra1.6\mu m$,钻孔$Ra3.2\mu m$。	各小组认真组织理论学习,通过五周实践体会,达到对技能知识的掌握。	课件板书	学生实际操作个人操作小组操作集体操作	120分钟
归纳(知识和能力)	各小组陈述技能操作体会,由小组之间进行对比,教师点评。	要求各小组进行阶段总结和互评。	课件板书	小组讨论代表发言	30分钟
训练巩固拓展检验	训练项目:围绕模具钳工或工具钳工高级工取证要求,进行操作技能训练。	考察各小组作业完成的进度,观察各位学生的工作态度、劳动纪律、操作技能。	课件板书	个人操作小组操作集体操作	210分钟

步骤	教学内容	教学方法	教学手段	学生活动	时间分配
总结	各小组对阶段制作结果进行总结、改进。	教师讲授或提问	课件板书		18 分钟
作业	作业题、要求、完成时间。				2 分钟
后记					

本单元教师要针对实训的结果,有目的地进行技能专题训练,同时可以参照钳工高级工考试大纲以及题库中的技能题目进行测试,从而进一步提高同学们的钳工技能。以便顺利完成市劳动局进行的钳工高级工技能考核。

6.4　理论技能考核

围绕模具钳工或工具钳工高级工取证要求,进行理论技能考核,共 6 学时。具体内容见表 6-4 所示。

表 6-4　理论技能考核

步骤	教学内容	教学方法	教学手段	学生活动	时间分配
教师示范,同学练习,阶段点评课,从中进行分析	围绕模具钳工或工具钳工高级工取证要求,进行理论技能考核。	按照劳动局要求,提前布置考场,组织同学们按照准考证的序号坐好,考场严格考场纪律,严禁作弊,按时收卷,试卷及时提交劳动局。		按时考试,按时交卷	120 分钟
引入（任务三：围绕模具钳工或工具钳工高级工取证要求,进行理论技能考核）					
操练					
深化（加深对基本能力的体会）					

续表

步骤	教学内容	教学方法	教学手段	学生活动	时间分配
归纳（知识和能力）					
训练 巩固 拓展 检验					
总结	各小组对六周学习结果进行总结、改进。	教师讲授或提问	课件 板书		180分钟
作业	作业题、要求、完成时间。				
后记					

本单元任务就是组织同学们实际参加钳工高级工理论知识考核，并组织同学在考试结束后进行总结。

6.5 操作技能考核

围绕模具钳工或工具钳工高级工取证要求，进行操作技能考核，共6学时。具体内容见表6-5所示。

表6-5 操作技能考核

步骤	教学内容	教学方法	教学手段	学生活动	时间分配
教师示范，同学练习，阶段点评课，从中进行分析	围绕模具钳工或工具钳工高级工取证要求，进行操作技能考核。	按照劳动局要求，提前布置考场，组织同学们按照准考证的序号坐好，考场严格考场纪律，严禁作弊，按时收卷和试样，试卷和试样及时提交劳动局。		按时考试，按时交卷、交试样，注意文明生产，注意安全	240分钟
引入（任务四：围绕模具钳工或工具钳工高级工取证要求，进行操作技能训练）					

续表

步骤	教学内容	教学方法	教学手段	学生活动	时间分配
操练					
深化（加深对基本能力的体会）					
归纳（知识和能力）					
训练 巩固 拓展 检验					
总结	各小组对六周学习结果进行总结、改进。	教师讲授或提问	课件 板书		60 分钟
作业	作业题、要求、完成时间。				
后记					

　　本单元任务就是组织同学们实际参加钳工高级工技能实操考核，并组织同学在考试结束后，清理实训现场并进行实训教学工作总结。

参考文献

［1］胡晓红.钳工实训与认证考试培训教程.合肥:安徽科学技术出版社,2009

［2］盛永华.钳工工艺技术.沈阳:辽宁科学技术出版社,2009

［3］鲍光明.钳工实训指导.合肥:安徽科学技术出版社,2007

［4］李红军.工具钳工基本技能.北京:中国劳动社会保障出版社,2007

［5］苏伟.模具钳工技能实训.北京:人民邮电出版社,2007

［6］成虹.冲压工艺与模具设计.北京:高等教育出版社,2002